T0192492

Aufgabensammlung zur Elektrotechnik und Elektronik

Lizenz zum Wissen.

Sichern Sie sich umfassendes Technikwissen mit Sofortzugriff auf tausende Fachbücher und Fachzeitschriften aus den Bereichen: Automobiltechnik, Maschinenbau, Energie + Umwelt, E-Technik, Informatik + IT und Bauwesen.

Exklusiv für Leser von Springer-Fachbüchern: Testen Sie Springer für Professionals 30 Tage unverbindlich. Nutzen Sie dazu im Bestellverlauf Ihren persönlichen Aktionscode C0005406 auf *www.springerprofessional.de/buchaktion/*

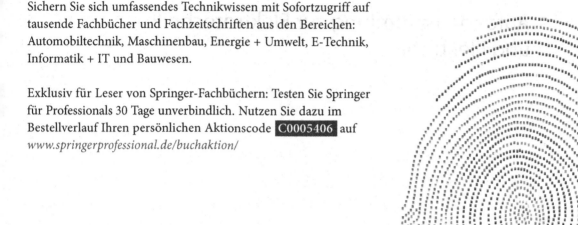

Jetzt 30 Tage testen!

Springer für Professionals.
Digitale Fachbibliothek. Themen-Scout. Knowledge-Manager.

- Zugriff auf tausende von Fachbüchern und Fachzeitschriften
- Selektion, Komprimierung und Verknüpfung relevanter Themen durch Fachredaktionen
- Tools zur persönlichen Wissensorganisation und Vernetzung

www.entschieden-intelligenter.de

Springer für Professionals

 Springer

Leonhard Stiny
Haag a. d. Amper, Deutschland

ISBN 978-3-658-14380-0   ISBN 978-3-658-14381-7 (eBook)
DOI 10.1007/978-3-658-14381-7

Die Deutsche Nationalbibliothek verzeichnet diese Publikation in der Deutschen Nationalbibliogra e; detaillier-
te bibliogra sche Daten sind im Internet ber http://dnb.d-nb.de abrufbar.

Springer Vieweg
Die erste Au age erschien unter dem Titel Aufgaben mit Lsungen zum Grundwissen Elektrotechnik im
Franzis Verlag, 2005.
Die zweite Au age erschien unter dem Titel Aufgaben mit Lsungen zur Elektrotechnik im Franzis Verlag
2008.
' Springer Fachmedien Wiesbaden GmbH 2005, 2008, 2017
Das Werk einschlielich aller seiner Teile ist urheberrechtlich geschtzt. Jede Verwegt die nicht ausdrcklich
vom Urheberrechtsgesetz zugelassen ist, bedarf der vorherigen Zustimmung des Verlags. Das gilt insbesondere
fr Vervielfltigungen, Bearbeitungen, bersetzungen, Mikrover lmungen und die Einspeicherung und Verar-
beitung in elektronischen Systemen.
Die Wiedergabe von Gebrauchsnamen, Handelsnamen, Warenbuzrejen usw. in diesem Werk berechtigt
auch ohne besondere Kennzeichnung nicht zu der Annahme, dass solche Namen im Sinne der Warenzeichen-
und Markenschutz-Gesetzgebung als frei zu betrachten wren und daher von jedermann benutzt werden drften.
Der Verlag, die Autoren und die Herausgeber gehen davon aus, dass die Angaben und Informationen in diesem
Werk zum Zeitpunkt der Verffertlichung vollstndig und korrekt sind. Weder der Verlag noch die Autoren oder
die Herausgeber bernehmen, ausdrcklich oder implizit, Gewhr fr den Inhalt des Werkes, etwaige Fehler
oder ̈uerungen. Der Verlag bleibt im Hinblick auf geogra sche Zuordnungen und Gebietsdichnungen in
verffentlichten Karten und Institutionsadressen neutral.

Gedruckt auf surefreiem und chlorfrei gebleichtem Papier

Springer Vieweg ist Teil von Springer Nature
Die eingetragene Gesellschaft ist Springer Fachmedien Wiesbaden GmbH
Die Anschrift der Gesellschaft ist: Abraham-Lincoln-Strasse 46, 65189 Wiesbaden, Germany

Vorwort zur . Au age

Nach der 1. und 2. Au age beim Franzis-Verlag ist nun die 3. Au age beim Springer-Verlag erschienen. In meiner bisher zehnjhigen Ttigkeit als Lehrbeauftragter fr das Fach Grundlagen der Elektrotechnik und Elektronik an der Ostbayerischen Technischen Hochschule Regensburg wurde sehr deutli dass Studierende idgend gengend Beispiele bentigen, um den in den Lehrveranstaltungen dargebotenen Stoff im Detail zu verstehen, ihn wiederholen und vor allem einben zu knnen. Um eine anspruchsvolle Prfung zu bestehen, mssen nicht nur Anstze und Vorgehensweisen zur Berechnung und Lsung von Aufgaben bekannt sein, au das handwerkliche Knnen, das Rechnen selbst, muss beherrscht werden, um nicht in Zeitnot zu geraten. Alle diese Fertigkeiten knnen mit den vorliegenden Aufgaben gebt werden.

Viele Aufgaben fanden in meinen Vosungen als Vorlesungsbungen Verwendung, die gemeinsam bearbeitet oder vorgerechnet wurden. Dadurch ergab sich einerseits eine sehr genaue Betrachtung und Veri zierung der Ergebnisse, welche durch vorgeschlagene alternative Lsungswege ergnzt werden konnten. Andererseits wurde klar, welche Stoffgebiete und Darstellungsweisen Probleme bereiten und besonders ausfhrlich und eingngig erklrt werden mssen. Als Beispiel sei hier die komplexe Wechselstromrechnung genannt.

Die Gliederung des Buches blieb zum grten Teil unverndert und ist entsprechend neu hinzugekommener Themengebiete erweitert. Die Anzahl der bungsaufgaben wurde erheblich erhht, es wurden auch mathematisch schwierigere Aufgaben aufgenommen.

Teilweise sind die Fragestellungen und Lsungen in Form einer allgemeinen Erluterung eines Themengebietes gestaltet und zgehrigen Berechnungen vorangestellt. Dadurch werden einfhrende Abschnitte wie in einem Lehrbuch erreicht.

Fr Hinweise auf mgliche ̃nder ungen und Ergnzungen bin ich dankbar.

Haag a. d. Amper, im April 2016   Leonhard Stiny

Vorwort

Dieses Buch richtet sich an alle, die Aufgaben Elektrotechnik zu lsen haben, ihr Wissen auf diesem Gebiet durch bungen festigen wollen oder sich auf eine Prfung vorbereiten mssen. Auszubildende elektrotechnischer Berufe, Schler weiterfhrender Schulen und Fachschulen, angehende Industriemeister Techniker, Studierende der Elektrotechnik oder einer verwandten Fachrichtung an Berufsakademien, Fachhochschulen oder Universitten nden entsprechenden und ausgiebigen bungsstoff. Berufserfahrene oder an der Lsung konkreter Aufgaben interessierte Hobbyelektroniker knnen ihr Wissen auffrischen oder ergnzen. Hier stehen gengend Beispiele mit Lsungen als Vorbereitungshilfe und zum Selbststudium zur Verfgung. Durch die Bearbeitung der bungen werden Kenntnisse der Elektrotechnik gefestigt und erweitert.

Das Werk enthlt 280 bungsaufgaben samt ausfhrlich erluterten Lsungswegen mit detaillierten algebraischen und numerischen Berechnungen zu Grundgebieten der Elektrotechnik. Lsungsergebnisse werden nicht nur angegeben, sondern grndlich erarbeitet. Somit wird im Zuge der Musterlsungen die allgemeine Vorgehensweise zur Problembewltigung gebt. Auch aufei nander folgende Lsungsschritte mit Zahlenwerten sind aufgenommen, damit bende feststellen knne, an welcher Stelle sie sich verrechnet haben.

Die inhaltliche Strukturierung meines erfolgreichen Lehrbuches Grundwissen Elektrotechnik (Franzis Verlag) wurde fr den vorliegenden bungsband so weit als mglich bernommen. Somit besteht die Mglichkeit, den Stoff der einzelnen Lehrbuchkapitel zu vertiefen und die eigenen Fertigkeiten in der Anwendung des Erlernten zu trainieren. Das vorliegende Werk kann aber vllig unabhngig zum selbststndigen Lernen benutzt werden. Nach im Lehrbuch bewhrter Weise wird im Verlaufe der einzelnen Kapitel von einfachen zu schwierigeren Aufgaben vorgegangen.

Die einzelnen Abschnitte werden mit Zusammenfassungen des anschlieenden Wissensgebietes und dort mglicherweise verwendeter Formeln eingeleitet. Diese kurzen Abrisse erheben keinen Anspruch auf Vollstndigkeit oder Notwendigkeit zur Bearbeitung der daran anschlieenden Aufgaben. Sie biten jedoch auf das Folgende vor und dienen, ebenso wie einige allgemeine Ausfhrungen zu elektrotechnischen Grundlagen und Vorgehensweisen innerhalb der Lsungen, zu einem Verstndnis des Teilgebietes.

Die Bereiche der bungen reichen von den Grundlagen der Elektrotechnik, einfachen sowie umfangreichen Schaltungen der Gleich-, Wechsel- und Drehstromtechnik, Analyse von Einschwingvorgngen und Netzwerken ber elektronische Bauteile bis zur elektronischen Schaltungstechnik.

Zur Lsung der Aufgaben sind mathematibe Kenntnisse der Algebra, Winkelfunktionen und komplexen Rechnung i. a. ausreichend. Hhere Mathematik (im Sinne von Integrieren, Differenziren) wird kaum verwendet.

Viel Erfolg bei der Bearbeitung der Aufgaben!

Haag a. d. Amper, im Juli 2005   Leonhard Stiny

Inhaltsverzeichnis

Elektrischer Strom

Zusammenfassung

Als Einfhrung werden die Grundlagen des elektrischen Stromes hinterfragt. Arten und Zusammensetzungen von Stoffen ergeben mittels eines einfachen Atommodells anschauliche Vorstellungen von den physikalischen Vorgngen beim Flieen von Strom. Der Aufbau der Materie fhrt von Begriffen wie Elektronen, Ladung, Ladungstrger, Krfte zwischen Ladungen ber die De nition des Stromes zum elektrischen Widerstand und zu Grundgesetzen im einfachen Stromkreis. Die Bedeutung von Spannung, Spannungsabfall, Potenzial und Masse wird erlutert. Es folgt die Einteilung in Leiter, Nichtleiter und Halbleiter und deren Eigenschaften. Der Unterschied zwischen ruhender und bewegter elektrischer Ladung ergibt die Einteilung in die Gebiete Elektrostatik und Elektrodynamik. Der Begriff des elektrischen Feldes und die verschiedenen Arten von Feldern fhren zu einer ersten allgemeinen Betrachtungsweise der Feldwirkungen. Die verschiedenen Arten von Strmen (Leitungsstrom, Verschiebungsstrom, Diffusionsstrom, Feldstrom, Driftstrom, Raumladungsstrom) ergeben eine differenzierte Betrachtung des Strombegriffes.

. Grundwissen kurz und bndig

.. Sto e

Stoffe treten in den drei Aggregatzustnden fest ssig oder gasfrmig auf.
Stoffgemische setzen sich aus verschiedenen Reinstoffe zusammen.
Verbindungen sind Reinstoffe, die durch chemische Verfahren Elemente zersetzt werden knnen.
Ein Molekl ist das kleinste Masseteilchen einer Verbindung, das noch die chemischen Eigenschaften der Verbindung besitzt.
Ein Molekl ist ein fester Verbund mehrerer Atome von Elementen.

' Springer Fachmedien Wiesbaden GmbH 2017
L. Stiny, Aufgabensammlung zur Elektrotechnik und Elektronik
DOI 10.1007/978-3-658-14381-7_1

Elemente sind Reinstoffe, die nicht mehr in andere Stoffe zerlegbar sind.
Ein Atom ist das kleinste Masseteilchen eines Elements.
Ein Atom ist auf chemischem Weg nicht mehr weiter zerlegbar.

. . Atombau, elektrischer Strom

Ein Atom besteht aus dem elektrisch positiv geladenen Atomkern und der Atomhülle .
Der Atomkern besteht aus den elektrisch positiv geladenen Protonen und den elektrisch
neutralen Neutronen (ohne elektrische Ladung). Im Atomkern ist fast die gesamte Mas-
se des Atoms vereinigt.
Ein Proton besitzt die positive elektrische Elementarladung $+e$.
Die Atomhülle besteht aus Elektronen, welche den Atomkern umkreisen.
Ein Elektron besitzt die negative elektrische Elementarladung $-e$. Elektrizitätsmen-
gen treten nur als ganzzahlige Vielfache der Elementarladung auf.
Jede Atomart hat eine bestimmte Anzahl von Elektronen in der Hülle.
Die Anzahl der Elektronen in der Hülle entspricht der Anzahl der Protonen im Atom-
kern.
Elektronen mit gleichem Abstand vom Atomkern fasst man zu einer Schale zusammen.
Die Elektronen der äußersten Schale nennt man Valenzelektronen.
Die äußerste Schale ist nicht immer vollständig mit Elektronen besetzt. Sie kann Elek-
tronen abgeben oder aufnehmen.
Elektrische Ladung ist Überschuss oder Mangel ruhender, elektrischer Ladungsträger.
Elektrische Ladung kann nicht erzeugt oder vernichtet sondern nur transportiert wer-
den.
Es gibt zwei verschiedene Arten der Elektrizität: positive und negative Ladungen.
Positive Ladung ist Elektronenmangel, negative Ladung ist Elektronenüberschuss.
Elektronen sind Träger negativer Ladung.
Gleichnamige Ladungen (mit gleichem Vorzeichen) stoßen sich ab, ungleichnamige
Ladungen ziehen sich an (Coulombsches Gesetz).
Strom ist Ladungstransport, d. h. strömende Ladung (bewegte elektrische Ladung).
Damit Strom fließen kann, muss der Stromkreis geschlossen werden. Die Elektronen
fließen vom negativen Pol der Spannungsquelle zu deren positiven Pol.
Die technische Stromrichtung ist entgegengesetzt zur Flussrichtung der Elektronen
definiert. Ein Strompfeil zeigt die positive Richtung des Stromes außerhalb der Span-
nungsquelle vom Pluspol zum Minuspol an.
Eine Spannungsquelle wirkt im geschlossenen Stromkreis wie eine Pumpe für Elektro-
nen.
Es gibt Leiter, Halbleiter und Nichtleiter (Isolierstoffe oder Isolatoren).
Ein Potenzial ist die Spannung eines Punktes gegenüber einem Bezugspunkt.
Eine Spannung ist eine Potenzialdifferenz.

Widerstand ist das Unvermgen eines Leiters, elektrischen Strom ieen zu lassen.
Leitfhigkeit ist das Vermgen eines Leiters, elektrischen Strom ieen zu lassen.
Je grer der Widerstand ist, umso kleiner ist die Leitfhigkeit und umgekehrt.
Ein stromdurch ossener Leiter erwrmt sich (Joulesche Wrme).
Der Widerstand eines Leiters ist abhngig von dem Material und von der Temperatur
des Leiters.

.. Halbleiter

Der Widerstand von Metallen nimmt mit steigender Temperatur zu.
Der Widerstand eines Halbleiters nimmt mit steigender Temperatur ab.
Es gibt Elementhalbleiter und Verbindungshalbleiter.
Reines Silizium ist wegen der festen Elektronenpaarbindung ein sehr schlechter Leiter.
Das Entstehen eines Elektron-Loch-Paares wird als Generation bezeichnet.
Ein Elektronenfehlplatz wird als Defektelektron oder Loch bezeichnet.
Ein Loch ist Trger der positiven Elementarladung e.
Fllt ein freies Elektron den Platz eines Loches aus, so spricht man von Rekombination.
Die Leitfhigkeit von Halbleitern nimmt erheblich zu, wenn in den Halbleiterkristall
durch Dotierung bestimmte Fremdatome eingebaut werden (Strstellenleitung).
Bei dotierten Halbleitern unterscheidet man zwischen p- und n-Halbleitern. p-Halblei-
ter entstehen durch Dotieren mit Akzeptoren, n-Halbleiter durch Dotieren mit Donato-
ren.
Die wichtigsten Halbleiter sind Silizium und Germanium.

. Der Aufbau der Materie

Aufgabe 1.1
Wie heien Stoffe die nur aus einer einzigen Atomart bestehen: Molekle, Elemente, Ionen, Elektronen oder Neutronen?

Lsung
Elemente

Aufgabe 1.2
Wie nennt man chemisch nicht mehr trennbare Teilchen der Materie: Verbindungen, Molekle, Elemente, Protonen oder Atome?

Lsung
Atome

Aufgabe 1.3
Wie heien die Teilchen die sich nur durch chemische Vorgnge, d. h. Zersetzung des Stoffes trennen lassen: Atome, Elemente, Molekle, Chemische Grundstoffe oder Protonen?

Lsung
Molekle

Aufgabe 1.4
Welche Aussage ber den Aufbau von Atomen ist richtig?

Der Atomkern besteht aus positiven Protonen und negativen Elektronen.
Die Neutronen sind negativ geladene Teilchen die den Atomkern auf Kreisbahnen (Schalen) umlaufen.
Die uerste Elektronenschale wird Valenzschale genannt und die Elektronen auf ihr Valenzelektronen.
Ein Atom kann maximal 5 Elektronenschal besitzen, die von innen nach auen mit den Buchstaben K, L, M, N, O bezeichnet werden.
Bei Atomen ist die Anzahl der Elektron immer gleich der Anzahl der Protonen.

Lsung
Die uerste Elektronenschale wird Valenzschale genannt und die Elektronen auf ihr Valenzelektronen.

Aufgabe 1.5
Welche Aussage ber den Aufbau von Atomen ist falsch?

Ein Atom besteht aus Protonen und Neutronen im Kern und wird von Elektronen auf Schalen umgeben.
Die Elektronen auf der uersten Schale heien Valenzelektronen.
Elektronen sind negativ geladene Teilchen und Neutronen sind positiv geladene Teilchen.
Der Atomkern wird von maximal 7 Elektronenschalen umgeben, die von innen nach auen mit den Buchstaben K, L, MN, O, P, Q bezeichnet werden.
Der Atomkern besteht aus Protonen und Neutronen.

Lsung
Elektronen sind negativ geladene Teilchen und Neutronen sind positiv geladene Teilchen.

Aufgabe 1.6
Welche Aussage ber den Aufbau von Atomen ist richtig?

Der Atomkern besteht aus positiven Protonen und negativen Elektronen.
Der Atomkern besteht aus positiven Elektronen und negativen Neutronen.

Der Atomkern besteht aus negativen Neutronen und positiven Protonen.
Neutronen sind elektrisch neutrale Teilchen.
Der Atomkern besteht aus negativen Protonen und positiven Neutronen.

Lsung
Neutronen sind elektrisch neutrale Teilchen.

Aufgabe 1.7
Was entsteht, wenn ein Atom ein Elektron aufnimmt?

Ein negatives Ion
Ein Molekl
Ein Dipol
Ein positives Ion
Ein Halbleiter.

Lsung
Ein negatives Ion

Aufgabe 1.8
Unter welchen Umstnden gilt ein Atom als chemisch stabil?

Bei gleicher Anzahl von Elektronen in der Hlle wie Protonen im Kern.
Wenn die Valenzschale des Atoms mit Valenzelektronen bestckt ist.
Bei gleicher Anzahl von Neutronen und Protonen im Atomkern.
Wenn die Valenzschale mit 8 Elektronen voll besetzt ist (einzige Ausnahme Helium mit 2 Valenzelektronen).
Bei gleicher Anzahl von Neutronen im Kern wie Elektronen in der Hlle.

Lsung
Wenn die Valenzschale mit 8 Elektronen voll besetzt ist (einzige Ausnahme Helium mit 2 Valenzelektronen).

Aufgabe 1.9
Was entsteht, wenn ein Atom ein Elektron abgibt?

Ein Molekl
Ein Halbleiter
Ein negatives Ion
Eine chemische Verbindung
Ein positives Ion.

Lsung
Ein positives Ion

. Elektrische Ladung

Aufgabe 1.10
a) Was versteht man unter elektrischer Ladung?
b) Nennen Sie ein Beispiel, wie elektrische Ladung getrennt werden kann.
c) Wie wird ruhende elektrische Ladung genannt?
d) Mit welcher Polarittsbezeichnung wird ei Elektronenberschuss bzw. ein Elektronenmangel gekennzeichnet?

Lsung
a) Die elektrische Ladung Q eines Krpers (die Elektrizittsmenge) ist ein Ma fr berschuss oder Mangel an ruhenden elektrischen Ladungstrgern (z. B. Elektronen).
b) Reibt man einen Glasstab mit Seide, so wird der Glasstab positiv, die Seide negativ geladen. Auf dem Glasstab ist ein Mangel, auf der Seide ein berschuss von Elektronen.
Glasstab und Seide sind elektrisch geladen.
c) Ruhende elektrische Ladung nennt man statische Elektrizitt. Die Elektrostatik ist die
Lehre der ruhenden (mit der Zeit gleichbleibenden, also statischen) Ladungen. Zur
Elektrostatik gehren das elektrische Feld, das elektrostatische Potenzial, die Effekte
der elektrischen Polarisation bei Stoffen ohne frei bewegliche Ladungstrger und die
Vorgnge der Inuenz (der Ladungstrennung) in Materie mit freien Ladungstrgern
(Leitern).
d) Elektronenberschuss wird als Minuspol (negative Ladung), Elektronenmangel als
Pluspol (positive Ladung) bezeichnet. Die Bezeichnungsweise ist willkrlich und
lediglich historisch bedingt.

Aufgabe 1.11
a) Welche Wirkung hat ein elektrisch geladener Krper in seiner Umgebung auf andere
elektrisch geladene Krper?
b) Wie wird die Eigenschaft des Raumes der Umgebung eines elektrisch geladenen
Krpers genannt? Wie kann diese Eigenschaft veranschaulicht und in ihrer Auswir-
kung beschrieben werden? Verwenden Sie zur Erluterung den Begriff Vektorfeld.
c) Welche Krfte wirken zwischen elektrisch ungleich bzw. gleich geladenen Krpern?

Lsung
a) Ein elektrisch geladener Krper zieht andere elektrisch geladene Krper entweder an
oder stt sie ab. Der Zustand eines Krpers kann durch seine Wirkung auf andere
Krper und somit durch seine Ladung Q beschrieben werden.
b) Der Raum um einen elektrisch geladenen Krper wird in einen besonderen Zustand
versetzt der dadurch gekennzeichnet ist, dass auf andere elektrisch geladene Krper
Krfte ausgebt werden. Ein Raum mit besonderen Eigenschaften wird in der Physik
als Feld bezeichnet. Elektrisch geladene Krper sind also von einem elektrischen Feld
umgeben. Die Eigenschaft eines elektrischen Feldes, dass in ihm Krfte auf gelade-

ne Körper ausgeübt werden, kann durch Feldlinien (dies sind Kraftlinien) dargestellt werden. Die Dichte von Feldlinien trifft eine Aussage über die lokale Stärke der Kraft (Betrag der Feldstärke) und der durch kleine Pfeile gekennzeichnete Linienverlauf über die lokale Richtung der Kraftausübung (Richtung der Feldstärke in einem bestimmten Punkt im Raum). Das elektrische Feld ist ein so genanntes Vektorfeld, das durch einen Vektor mit Betrag und Richtung in jedem Raumpunkt festgelegt ist. Sind Betrag und Richtung eines Feldes in einem betrachteten Gebiet konstant, so nennt man das Feld homogen, ansonsten inhomogen. Homogene Felder haben gerade Feldlinien, bei inhomogenen Feldern sind die Feldlinien gekrümmt.

c) Ladungen mit unterschiedlichem Vorzeichen ziehen sich an, Ladungen mit gleichem Vorzeichen stoßen einander ab.

Aufgabe 1.12

a) Was ist die Einheit der elektrischen Ladung im SI-System?
b) Welcher Anzahl von Elektronen entspricht die Ladungsmenge 1 A s?
c) Ein elektrisches Gerät wird oft als Verbraucher bezeichnet. Kann elektrische Ladung verbraucht werden?

Lösung

a) Die Einheit der elektrischen Ladung ist A s (Amperesekunde), abgekürzt mit C entsprechend dem speziellen Einheitennamen Coulomb. Kurz: $A s = C$ (Coulomb).

b) Die Ladungsmenge 1 A s entspricht einem Strom mit der Stärke 1 Ampere, der 1 Sekunde lang fließt. Dabei bewegen sich Elektronen mit der Elementarladung $e = 1{,}602 \cdot 10^{-19}$ A s.

$$n = \frac{I \cdot t}{e} = \frac{1A \cdot 1s}{1{,}602 \cdot 10^{-19} A s} = \underline{\underline{6{,}2422 \cdot 10^{18}}}$$

c) Ladungen können weder erzeugt noch vernichtet werden. Befindet sich in einem abgeschlossenen (von einer für Materie undurchlässigen Hülle A begrenzten) Raumgebiet mit dem Volumen V eine elektrische Ladung, so bleibt die gesamte Ladung Q innerhalb dieses Raumgebietes konstant. Es gibt keinen physikalischen Vorgang, der die Gesamtladung Q innerhalb von V ändern kann. Dieses experimentell bewiesene Naturgesetz wird Ladungserhaltungssatz genannt. Der Satz beruht auf der Unveränderbarkeit der Elementarladung (zeitlich konstant und unabhängig vom Bezugssystem) und darauf, dass sich die Wirkungen von zwei gleich großen Ladungen mit entgegengesetztem Vorzeichen aufheben. Erzeugung oder Vernichtung geladener Teilchen erfolgt immer in gleichen Mengen und mit entgegengesetztem Vorzeichen. Im nichtstationären Fall (bei zeitlich veränderlichen Strömen) kann sich eine Ladungsmenge in einem abgeschlossenen Volumen nur durch Zufluss oder Abfluss von Ladungsträgern durch die Hülle A ändern.

Aus der Bezeichnung Verbraucher darf als nicht geschlossen werden, dass beim Betrieb des Gertes Ladung verbraucht (im Sinne von vernichtet) wird. Energie kann ebenso wie Ladung weder erzeugt noch vernichtet werden Energieerhaltungssatz sie kann nur von einer Form in eine andere Form gewandelt werden. Ein Verbraucher ist ein Energiewandler, es wird Bz elektrische Energie in Wrmeenergie umgewandelt. Statt Verbraucher wir in der Elektrotechnik hu g der Begriff Last verwendet.

. Elektrischer Strom

Aufgabe 1.13
Was ist (im Unterschied zur ruhenden elektrischen Ladung) der elektrische Strom?

Lsung
Elektrischer Strom is ieSende elektrische Ladung, er entsteht durch Bewegung elektrischer Ladungstrger. Elektrischer Strom ist die gerichtete Bewegung von Ladungstrgern. In Metallen sind die Ladungstrger Elektronen. In Flssigkeiten oder Gasen knnen auch positive oder negative Ionen als Ladungstrger zum Strom uss beitragen. Ursache fr die Bewegung von Ladungen in eine Vorzugsrichtung sind in erster Linie elektrische Felder. Die Bewegung der Ladungstrger wird als Driftbewegung bezeichnet. Die mittlere Geschwindigkeit der Ladungstrger in eine Richtung he Driftgeschwindigkeit

Aufgabe 1.14
In welche Arten und mit welchen Eigenschaften kann elektrischer Strom eingeteilt werden?

Lsung
Bewegung geladener Krper durch eine uere Kraft
Geladene Krper (z. B. Staubteilchen, Flssigkeitstrpfchen) knnen nicht durch Einwirken eines elektrischen Feldes sondern durch eine uere Kraft als Trger von Ladung bewegt und somit Ladung transportiert werden. Diese Art von Strom wird im eigentlichen Sinne als Konvektionsstrom bezeichnet. Er ist technisch nicht von Interesse.
Leitungsstrom
Flieen bei Vorhandensein eines elektrischen Feldes die Ladungstrger durch einen Leiter, so spricht man von einem Leitungsstrom oder Leiterstrom Da Ladungen immer an Materie gebunden sind, mit der Strmung von Ladungstrgern also immer eine Bewegung von Masse (ein Stofftransport) verbunden ist, wird dieser Strom oft ebenfalls als Konvektionsstrom bezeichnet. Man nennt ihn a Teilchenstrom
Verschiebungsstrom
Durch zeitliche Ladungsnderungen von zwei Elektroden, zwischen denen sich ein Nichtleiter be ndet, entsteht ein Verschiebungsstrom Es ist ein elektrischer Strom

ohne Bewegung von Masse, er braucht somit auch keinen materiellen Leiter. Dieser Strom entspricht einem sich zeitlich ndernden elektrischen Feld er wird durch die zeitliche ̃nderung einer elektrischen Feldstrke verursacht. In einem Dielektrikum zwischen den Elektroden ist der Verschiebungsstrom durch eine Verschiebung von Ladungen in der Elektronenhlle der Atome Verschiebungspolarisation oder durch eine Ausrichtung bereits vorhandener Dipole Orientierungspolarisation noch anschaulich vorstellbar. Diese Verlagerung elektrischer Ladungen kann als Fortsetzung des Leitungsstromes in den Verbindungsleitungen der Elektroden betrachtet werden. Im Vakuum, in dem der Verschiebungsstrom ebenfalls existiert, ist dieser nicht mit einer Verlagerung elektrischer Ladungen verknpft und kann nicht mehr anschaulich gedeutet werden.

Diffusionsstrom
Existiert ein rtlicher Konzentrationsunterschied von Ladungstrgern, so kann eine Ladungsbewegung auch ohne elektrisches Feld auftreten. Eine Teilchenbewegung, die durch Konzentrationsunterschiede hervorgerufen wird, nennt man Diffusionsstrom Ein solcher Strom tritt z. B. in der Sperrschicht von bipolaren Halbleiterbauelementen (Dioden, Transistoren) auf, da auf beiden Seiten der Grenzschicht sehr starke Konzentrationsunterschiede freier Ladungstrger bestehen. An der Grenzschicht trifft ein Gebiet mit sehr vielen freien negativen Ladungstrgern auf ein Gebiet mit sehr vielen freien positiven Ladungstrgern. Ein Teil der freien Ladungen eines jeden Bereiches wandert dann in den jeweiligen anderen Bereich. Eine hhere Temperatur beschleunigt die Diffusion.

Feldstrom, Driftstrom
Den unter dem Einuss eines elektrischen Feldes ieenden Strom in einem Halbleiter nennt man Feldstrom oder Driftstrom.

Raumladungsstrom
In einem Glaskolben mit Vakuum benden sich zwei entgegengesetzt geladene Elektroden, zwischen denen sich eine Ansammlung von Elektronen bendet. Durch das elektrische Feld zwischen den Elektroden werden die Elektronen von der Anode angezogen. Dieser Strom stellt einen Raumladungsstrom dar. Eine Anwendung ist die Kathodenstrahlrhre (Braunsche Rhre).

. Nichtleiter, Leiter und Halbleiter

Aufgabe 1.15
In welche drei Gruppen knnen Stoffe entsprechend ihrer elektrischen Leitfhigkeit eingeteilt werden? Wie sind diese Stoffe aufgebaut, welche Eigenschaften haben sie?

Lsung
Stoffe knnen bezglich ihrer Fhigkeit elektrischen Strom zu leiten in Nichtleiter, Leiter und Halbleiter eingeteilt werden.

Nichtleiter werden auch Isolatoren oder Dielektrika genannt. Bei ihnen sind fast alle Elektronen der Elektronenhülle fest an Atomkerne gebunden. Freie Elektronen zur Bildung ieender Ladung fr einen Strom uss sind nur sehr wenige vorhanden. l, Papier und viele Kunststoffe sind Isolatoren. Das Vakuum ist ein idealer Nichtleiter.

Leiter sind vor allem Metalle. Bei Metallen ist die Bindungsenergie der Elektronen der ueren Elektronenschalen relativ gering, so dass sich diese von ihren Atomen lsen knnen. Metalle besitzen sehr viele freie Elektronen (da ^{23} je cm^3). Elektronen werden als frei bezeichnet, wenn sie nicht an ein Atg gebunden sind, sich zwischen den Atomen hindurchbewegen und somit zu einem Leitungsstrom beitragen knnen. Beim Elektronengasmodell besteht das Metall aus einem Gitter positiv geladener Atomrmpfe, zwischen dem sich ein Gas aus frei beweglichen Valenzelektronen be ndet. Der Widerstand von Metallen wird mit steigender Temperatur grßer .

Halbleiter sind Stoffe mit speziellen Eigenschaften des Leitvermgens, ihre Leitfhigkeit liegt zwischen der von Leitern und Nichtleitern. Sie verhalten sich bei niedrigen Temperaturen hnlich wie Isolatoren. Bei Erwrmung erhht die zugefhrte Energie die Schwingungen der Gitteratome. Lsen sich dabei Elektronen aus ihren Pltzen, so knnen sie als freie Elektronen zu einem Ladungstransport beitragen, es kann ein Strom ieen. Der Widerstand von Halbleitern wird mit steigender Temperatur kleiner. Bei der reinen Eigenleitung des Halbleiters be ndet sich immer die gleiche Anzahl positiver und negativer Ladungen im Werkstoff. Eine Erhhung der Leitfhigkeit wird durch das gezielte Einbringen von Fremdatomen (Dotieren) in das Kristallgitter eines Halbleiters erreicht (Fremdleitung). Elementhalbleiter sind Germanium und Silizium. Ein Verbindungshalbleiter ist z. B. Galliumarsenid (GaAs).

Aufgabe 1.16
Nennen Sie je zwei Beispiele fr einen Isolator, einen elektrischen Leiter und einen Halbleiter.

Lsung
Isolator: Glas, Porzellan
Leiter: Gold, Kupfer
Halbleiter: Germanium, Silizium

. Widerstand und Leitfhigkeit

Aufgabe 1.17
Was versteht man unter dem elektrischen Widerstand, was ist seine Ursache?

Lsung
Durch den elektrischen Widerstand wird die Eigschaft eines Leiters beschrieben, elektrischen Strom mehr oder weniger gut hindurchzulassen, ihn entweder zu leiten oder einen

Widerstand entgegenzusetzen. Der elektrische Widerstand eines Materialstckes ist ein Ma dafr, wie stark sich das Material einem Stromdurchgang widersetzt. Der Widerstand wird wesentlich von den Materialeigenschaften bestimmt, ist also eine materialspezische Gre. Er hngt von der Anzahl freier Elektronen und von ihrer Beweglichkeit ab.

Die Ursache des elektrischen Widerstandes ist die Reibungskraft auf die Elektronen bei ihrer Bewegung im Metall. Diese Reibungskraft kann durch die Vorstellung erklrt werden, dass die sich bewegenden Elektronen durch die Atomrmpfe abgelenkt und gebremst werden. So ist auch verstndlich, warum sich der Widerstand von Metallen mit steigender Temperatur erhht: Die Wahrscheinlichkeit eines Zusammenstoes eines ieenden Elektrons mit einem strker um seine Ruhelage schwingenden Atomrumpf nimmt zu.

Aufgabe 1.18

a) Was versteht man unter Joulescher Wrme?

b) Wie sind Widerstand und Leitfhigkeit miteinander verknpft?

Lsung

a) Joulesche Wrme tritt bei allen stromdurch ossenen Leitern auf. Sie entsteht durch Zusammenste ieender Elektronen mit den Atomrmpfen. Die Elektronen geben dabei die ihnen von der Spaungsquelle zugefhrte Energie an die Atomrmpfe ab, wodurch sich deren Wrmeschwingungen verstrken und sich das Leitermaterial erwrmt.

b) Der Widerstand ist der Kehrwert der Leitfhigkeit und umgekehrt.

. Elektrische Spannung, Potenzial

Aufgabe 1.19

a) Erlutern Sie die Begriffe Skalarfeld, P otenzial und Potenzialfeld. Was ist eine ~quipotenzial che bzw. eine ~quipotenziallinie?

b) Welche zwei grundlegenden Arten von Feldern gibt es in der Elektrotechnik?

c) Wie kann sinnbildlich die elektrische Spaung bezeichnet bzw. beschrieben werden?

Lsung

a) Bei einem Vektorfeld (ein gerichtetes Feld) wird jedem Raumpunkt ein Vektor (ein Feldvektor) zugeordnet (siehe Aufgabe 1.11). Ist die den Raumzustand beschreibende physikalische Gre ein Skalar, so wird jedem Raumpunkt ein Skalar (eine Zahl) zugeordnet. Wir sprechen dann von einem Skalarfeld (ein nicht gerichtetes Feld). Ein Beispiel fr ein Skalarfeld ist die Temperaturverteilung in einem Raum. Dabei wird jedem Raumpunkt durch eine Zahl eine bestimmte Temperatur zugeordnet. Die Zahl, die in einem Skalarfeld einem Raumpunkt zugeordnet ist, nennt Potenzial. Ein Potenzialfeld liegt vor, wenn jedem Raumpunkt eines Vektorfeldes ein Potenzial zugeordnet werden kann. Ein Vektorfeld ist dann durch das Potenzial in jedem Punkt des Feldes eindeutig bestimmt.

Alle Punkte in einem rumlichen Skalarfeld, denen die gleiche Zahl zugeordnet ist (die das gleiche Potenzial haben), bilden eine quipotenzialche . Ein Skalarfeld wird durch eine Schar von ̃quipotenzial chen beschrieben bzw. gra sch dargestellt. quipotenziallinien ergeben sich als Schnittkurven von festgelegten Ebenen mit ̃quipotenzial chen. Ein Beispiel fr ̃quipotenziallinien sind ebene Kreise um eine Punktladung, welche Schnittlinien mit den Kugel chen darstellen, die wiederum ̃quipotenzial chen einer sich im Mittelpunkt der Kugeln bendlichen Punktladung sind.

b) Felder in der Elektrotechnik sind elektrische und magnetische Felder.

c) Die elektrische Spannung kann sinnbildlich als der Drang oder Druck bezeichnet werden, mit dem sich ein Ladungstrgerunterschied (z. B. eine Ansammlung von Elektronen gegenber einem Elektronenmangel) ausgleichen will. Die elektrische Spannung ist ein Ma fr das Ausgleichsbestreben unterschiedlicher elektrischer Ladungen.

Aufgabe 1.20

a) Geben Sie eine in der Physik bliche De nition des elektrischen Potenzials und der elektrischen Spannung mit Hilfe des homogenen elektrischen Feldes an.

b) Was versteht man in einer elektrischen Schaltung unter Masse?

Lsung

a) In einem (statischen) elektrischen Feld werden auf Ladungen Krfte ausgebt. Die Kraft auf eine Ladung ist direkt proportional zum Betrag der Ladung und direkt proportional zur Strke des Feldes (Feldstrke). Fr ein homogenes elektrisches Feld gilt: $F D Q E$.

Wird eine Ladung Q im homogenen elektrischen Feld vom Punkt P_1 zum Punkt P_2 um die Verbindungsstrecke s zwischen den Punkten verschoben, so muss Kraft aufgewendet und somit mechanische Arbeit W_{12} verrichtet werden. Entsprechend Arbeit D Kraft mal Weg gilt: $W_{12} D F s D Q E s$. Nach der Verschiebung hat die Ladung die an ihr verrichtete Arbeit in Form von potenzieller Energie gespeichert. War das Potenzial der Ladung vor der Verschiebung in einem Punkt P_0 gleich null (die Ladung hatte keine Arbeitsfhigkeit), so ist die potenzielle Energie der Ladung nach der Verschiebung zu P_1: $W_1 D '_1 Q$. Das elektrische Potenzial der Ladung (ihre Fhigkeit Arbeit zu verrichten) ist im Punkt P_1 in Bezug auf P_0: $'_1 D \frac{W_1}{Q}$. Wird die Ladung unter Aufwendung von Energie um eine weitere Wegstrecke zu einem Punkt P_2 verschoben, so ist ihre potenzielle Energie gegenber P_0: $W_2 D '_2 Q$. Das Potenzial der Ladung ist jetzt im Punkt P_2 gegenber dem Punkt P_0: $'_2 D \frac{W_2}{Q}$.

Die Differenz der beiden potenziellen Energien ist: $\Delta W D W_2 W_1 D ('_2 '_1) Q$. Wird die Energiedifferenz ΔW auf die zu verschiebende Ladung bezogen, so wird die Differenz der Potenziale unabhngig von der Ladung.

Das Verhltnis U D $W=Q$ wird als elektrische Spannurlg bezeichnetU_{21} D
' $_2$ ' $_1$.

In der Umgebung einer elektrischen Ladung kann jedem Raumpunkt ein elektrisches Potenzial zugeordnet werden.

Die elektrische Spannung zwischen zwei Punkten im elektrischen Feld ist gleich der Differenz der elektrischen Potenziale dieser Punkte.

Das elektrische Potenzial ist ein Ma fr die potenzielle Energie (fr die Arbeitsfhigkeit, die Leistungsfhigkeit) einer Ladung im elektrischen Feld. Als Potenzialdifferenz ist die elektrische Spannung ein Ma fr die Arbeit, die eine Ladung im Feld verrichten kann.

Eine elektrische Spannung besteht immer zwischen zwei Punkten.

Sowohl die Spannung als auch das Potenzial haben die Einheit Volt.

b) Zu einem Potenzial gehrt immer eiBezugspunkt(ein Nullniveau) mit dem Potenzial
' D 0 V. In der Elektronik wird daBezugspotenziabls Massepotenziabezeichnet, ihm wird meist das elektrische Potenzial der Erdober che zugeordnet. In elektronischen Schaltungen ist diMasseder Bezugspunkt (das Bezugspotenzial), auf das sich alle Spannungen anderer Punkte in der Schaltung beziehen. Die Masse wird in einem Schaltplan mit denSchaltzeichen?? « versehen.

Aufgabe 1.21

a) Was versteht man unter einem Spannungsabfall?

b) Was ist eine passive Spannung?

Lsung

a) Wird ein Leiter von einem Strom durch ossen, so besteht zwischen den Enden des Leiters eine Potenzialdifferenz. Man sagt, an dem Leiter fllt eine Spannung ab. Dieser Spannungsabfalentspricht demPotenzialgeflle vom Anfang bis zum Ende des Leiters (des Verbrauchers). Der Seite des Leiters mit positiver Ladung (bzw. Elektronenmangel), also dem Pluspol einer asrgéossenen Spannungsquelle, wird ein hohes Potenzial (hohes Arbeitsvermgen) zugebret. Die Seite mit negativer Ladung, also dem Minuspol der Spannungsquelle, kannReferenzpunkt mit dem Potenzial null festgelegt werden. Beim Durchlaufen des Leiters verlieren Ladungstrger immer mehr an Energie, die in Wrmeenergie umgesetzt wird.

Die Fhigkeit Arbeit zu verrichten (das Potenzial) nimmt entlang des Leiters immer mehr ab.

Durch diese Potenzialabnahme entsteht ein Spannungsunterschied zwischen zwei beliebigen Punkten entlang der Leiterstrecke. blicherweise wird die Spannung zwischen Anfang und Ende des Leiters abSnungsabfall am Verbraucher bezeichnet.

b) Der Spannungsabfall ist eimpassive SpannungEine passive Spannung ist nicht in der Lage einen Strom hervorzurufen, sie entsteht erst durch die Wirkung eines Stromes. Einen Strom uss bewirkt die Sprmaung einer (technischen) Spannungsquelle,

Der unverzweigte Gleichstromkreis

Zusammenfassung

Es folgen De nitionen fr Gren im unverweigten Gleichstromkreis mit ihren Einheiten und Formelzeichen: Ampere, Volt, Ohm, Ladungsmenge, Arbeit. Das ohmsche Gesetz mit seinen verschiedenen Umstellungen der Formel ergibt einfache Berechnungen von Gren im Grundstromkreis.Es wird anhand von Rechnungen gezeigt wie wichtig es ist, die Festlegungen von Erzeuger- und Verbraucherzhlpfeilsystem zu beachten. Die Bestimmung elektrischer Arbeit und Leistungwird an Gebrauchsgegenstnden wie Lampen oder elektrischen Gen und an elektronischen Bauelementen wie Widerstnden durchgefhrt. Berechnungen des Wirkungsgrades im Gleich- und Wechselstromkreis und einfachen elektronischen Schaltungen zeigen, wie gro die Wirksamkeit bei der Umwandlung von Energie von einer Form in eine andere Form sein kann.

. Grundwissen kurz und bndig

.. Gren im Gleichstromkreis

Das Einheitenzeichen fr Ampere (Stromstke) ist A, das Formelzeichen ist I.
Das Einheitenzeichen fr Volt (Spannung) ist V, das Formelzeichen istU.
Das Einheitenzeichen fr Ohm (Widerstand) ist , das Formelzeichen ist R.
Das Einheitenzeichen fr die Ladungsmenge ist C (Coulomb), das Formelzeichen ist Q.
Das Einheitenzeichen fr die Arbeit istJ (Joule), das Formelzeichen ist W.

' Springer Fachmedien Wiesbaden GmbH 2017
L. Stiny, Aufgabensammlung zur Elektrotechnik und Elektronik
DOI 10.1007/978-3-658-14381-7_2

.. Wichtige Formeln

$$I = \frac{Q}{t}\,;\quad U = \frac{W}{Q}\,;\quad R = \frac{U}{I}\,;\quad G = \frac{1}{R}\,;\quad W = U\,I\,t\,;\quad P = U\,I\,;\quad \eta = \frac{P_{ab}}{P_{zu}}\,;\quad R = \varrho\,\frac{l}{A}\,;$$
$$S = \frac{I}{A}\,;\quad E = \frac{U}{l} = \frac{F}{Q}$$

. Die Größen für den elektrischen Strom

Aufgabe 2.1

a) Wie viel Elektronen (Anzahl) passieren in fünf Sekunden den kreisförmigen Querschnitt eines Kupferdrahtes, der von einem Gleichstrom 2 A durchflossen wird?

b) Welche Strömungsgeschwindigkeit haben die Elektronen in diesem Draht, wenn der Drahtdurchmesser 0,6 mm beträgt und in Kupfer 8,6 · 10^{22} freie Elektronen je cm³ angenommen werden?

Gegeben: Elementarladung $e = 1,602 \cdot 10^{-19}$ C.

Lösung

a)

$$Q = I\,t\mid n = \frac{Q}{e} = \frac{I\,t}{e}\mid n = \frac{2\,A \cdot 5\,s}{1,602 \cdot 10^{-19}\,As} = \underline{\underline{6,24 \cdot 10^{19}}}$$

b) 1 cm³ ≙ 8,6 · 10^{22} freie Elektronen
x cm³ ≙ 6,24 · 10^{19} freie Elektronen → $x = \frac{6,24 \cdot 10^{19}}{8,6 \cdot 10^{22}} = 7,3 \cdot 10^{-4}$

Die 7,3 · 10^{-4} cm³ entsprechen dem Volumen des Kupferdrahtes, welches sich aus Querschnittsfläche (Kreisfläche) mal Länge berechnet.

$$V = r^2\,\pi\,l\mid l = \frac{V}{r^2\,\pi} = \frac{7,3 \cdot 10^{-4}\,cm^3}{0,3^2\,\pi\,mm^2}\mid l = \frac{7,3 \cdot 10^{1}\,mm^3}{0,3^2\,\pi\,mm^2} = \underline{\underline{2,6\,mm}}$$

Die Geschwindigkeit ist: $v = \frac{l}{t} = \frac{2,6\,mm}{5\,s} = \underline{\underline{0,5\,\frac{mm}{s}}}$

Aufgabe 2.2

In dem Wolfram-Glühfaden einer Glühlampe mit 40 W, 230 V ist ein Gleichstrom von $I = 174\,mA$.

a) Welche Ladungsmenge Q ist in 30 Minuten durch den Glühfaden?

b) Mit welcher Geschwindigkeit bewegen sich die Elektronen in dem Glühfaden?
Die Elektronendichte in dem Wolframdraht mit dem Durchmesser 24,5 μm beträgt

$$n_W = 6,28 \cdot 10^{22}\,\frac{Elektronen}{cm^3}:$$

Lsung

a) Bei Gleichstrom gilt $Q = I \cdot t$; $Q = 0{,}174 A \cdot 30 \cdot 60 s = 313{,}2 C$

b) Es wird ein Volumenelement des Wolframdrahtes $\Delta V = A \cdot l$ mit der Querschnitts che A und der Lnge l betrachtet. In diesem Volumenelement be ndet sich die Ladungs-menge

$$Q = n_W \cdot e \cdot A \cdot l \text{ mit } e = 1{,}602 \cdot 10^{-19} As \text{ (Betrag der Elementarladung).}$$

Mit $I = \frac{Q}{t}$ erhlt man:

$$I = \frac{n_W \cdot e \cdot A \cdot l}{t} = n_W \cdot e \cdot A \cdot v \text{ mit } v = \frac{l}{t} \text{ (Geschwindigkeit = Weg : Zeit).}$$

Nach v aufgelst:

$$v = \frac{I}{n_W \cdot e \cdot A}$$

$$= \frac{0{,}174 A}{6{,}28 \cdot 10^{22} \cdot 100 \cdot 100 \cdot 100 \frac{1}{m^3} \cdot 1{,}602 \cdot 10^{-19} As \cdot \frac{\pi}{4} \cdot 24{,}5^2 \cdot 10^{-6/2} m^2}$$

$$v = \frac{0{,}174}{4742{,}9 \cdot 10^{22} \cdot 10^6 \cdot 10^{-19} \cdot 10^{-12}} \frac{m}{s} = 3{,}67 \cdot 10^{-2} \frac{m}{s} \mid \underline{\underline{v = 3{,}67 \frac{cm}{s}}}$$

Aufgabe 2.3

Wie viel Elektronen (Anzahl n) sind an einem Stromimpuls mit der Dauer $t = 5\,ns$ und der Stromstrke $I = 10\,A$ durch einen metallischen Draht beteiligt?

Lsung

Die Ladungstrger im Metall sind Elektronen.

Ein Elektron hat die Elementarladung $e = 1{,}6 \cdot 10^{-19} C$.

Die Gesamtladung Q wird durch n Elektronen transportiert $Q = n \cdot e$ (Gl. 1)

Der Strom ist konstant, es gilt $Q = I \cdot t$ (Gl. 2)

Gleichsetzen und nach n au sen gibt:

$$n = \frac{I \cdot t}{e} \mid n = \frac{10^{-5}A \cdot 5 \cdot 10^{-9}s}{\mid 1{,}6 \cdot 10^{-19} As \mid} = 3{,}125 \cdot 10^5 = \underline{312\,500}$$

Damit die Anzahl positiv ist, musste der Betrag von e eingesetzt werden.

Aufgabe 2.4

Das Diagramm in Abb. 2.1 zeigt das Entladen einer Batterie (Batterieladung in Abhngig-keit der Zeit). Gesucht ist der Stromverlauf I.

. Die Gre fr die elektrische Spannung

Aufgabe 2.8
Wie lautet die Einheit der elektrischen Spannung, wenn sie nicht durch das Einheitenzeichen V sondern ausschlielich durch SI-Basiseinheiten ausgedrckt werden soll?

Lsung

$$ U = \frac{W}{Q} = \frac{\frac{kg\,m^2}{s^2}}{A\,s} = \underline{\frac{kg\ m^2}{A\ s^3}} $$

Aufgabe 2.9
Wie gro ist die Ladungsmenge Q die durch ein Leiterstck iet, wenn an dessen Enden ein Spannungsabfall von 5 V gemessen wird und durch den Ladungs uss eine Wrmeenergie von 0,8 Ws freigesetzt wird?

Lsung

$$ Q = \frac{W}{U} = \frac{0{,}8\,Ws}{5\,V} = \underline{0{,}16\,A\,s} $$

Aufgabe 2.10
Die Potenziale von drei Punkten sind:

$$ P_1 W_1 = 400V; \quad P_2 W_2 = 300V; \quad P_3 W_3 = 50V: $$

Wie gro ist der Potenzialunterschied bzw. die Spannung U_{12} zwischen den Punkten P_1 und P_2? Wie gro ist die Spannung U_{13} zwischen den Punkten P_1 und P_3?

Lsung

$$ U_{12} = W_1 - W_2 = 400V - 300V = \underline{100V} $$
$$ U_{13} = W_1 - W_3 = 400V - 50V = \underline{450V} $$

Aufgabe 2.11
Eine Ladung von $Q = 1\,mC$ wird vom Ort 1 zum Ort 2 transportiert. Der Arbeitsaufwand beim Trennen der elektrischen Ladung $W_{12} = 1\,J$.

a) Welche Spannung U_{12} wird zwischen den Punkten 1 und 2 gemessen?
b) Welche Leistung P war fr den Trennvorgang erforderlich, wenn dieser 1 s gedauert hat?
c) Die potenzielle Energie W_1 am Ort 1 betrgt 3,5 J. Wie gro ist die potenzielle Energie W_2 am Ort 2?

Lsung

a) Die elektrische Spannung ist $U_{12} = \dfrac{W}{Q} = \dfrac{W_1 - W_2}{Q} = \dfrac{W_{12}}{Q}$.

$$U_{12} = \frac{1\,J}{1\,mC} = \frac{1\,Ws}{1 \cdot 10^{-3}\,As} = \underline{\underline{-1\,kV}}$$

Das Minuszeichen bedeutet, dass das Potenzial am Ort 2 positiv gegenber dem Potenzial am Ort 1 ist. Der Zhlpfeil der Spannung zeigt also vom Ort 2 zum Ort 1.

b) Bei Gleichstrom ist $P = U \cdot I$. Mit $I = \dfrac{Q}{t}$ erhlt man:

$$P = U \cdot \frac{Q}{t} = -1\,kV \cdot \frac{1 \cdot 10^{-3}\,As}{10^{-5}\,s} = \underline{\underline{-100\,kW}}$$

$$\text{Alternativ:}\ P = \frac{W}{t} = \frac{-1\,Ws}{10^{-5}\,s} = \underline{\underline{-100\,kW}}$$

Das Minuszeichen bedeutet, dass die Leistung dem System zugefhrt wird.

c) $W_{12} = W_1 - W_2 \Rightarrow W_2 = W_1 - W_{12}; \ W_2 = 3{,}5\,J - (-1\,J) = \underline{\underline{4{,}5\,J}}$

. Das Ohmsche Gesetz

Aufgabe 2.12

Welchen Wert hat ein ohmscher Widerstand, wenn am Widerstand eine Spannung von $U = 0{,}5\,V$ liegt und durch ihn ein Strom von $I = 2\,A$ iet?

Lsung

Durch Anwendung des ohmschen Gesetzes erhlt man $R = \dfrac{U}{I} = \dfrac{0{,}5\,V}{2\,A} = \underline{\underline{0{,}25\,\Omega}}$.

Aufgabe 2.13

Welche Spannung liegt an einem Widerstand der Gre $R = 50\,k\Omega$, wenn er von dem Strom $I = 20\,mA$ durch ossen wird?

Lsung

Das ohmsche Gesetz ergibt $U = R \cdot I = 50{.}000\,\Omega \cdot 0{,}02\,A = \underline{\underline{1000\,V}}$.

Aufgabe 2.14

Bei Gleichstrmen ab $40\,mA$ besteht fr den Menschen Lebensgefahr. Welcher Spannung gegen Erde entspricht dieser Strom, wenn der Widerstand des menschlichen Krpers $2500\,\Omega$ betrgt?

Lsung

Nach dem ohmschen Gesetz ist $U = R \cdot I = 2500\,\Omega \cdot 0{,}04\,A; \ \underline{U = 100\,V}$

a) Wie gro ist der jhrliche Energiebedarf? Wie gro sind die Energiekosten, wenn der Preis fr 1 kWh 0,2 Euro betrgt?

b) Wie viel Geld knnen Sie sparen, wenn Sie den Computer und den Monitor ber eine Steckerleiste mit Schalter bei Nichtbenutzung komplett vom Stromnetz trennen?

Lsung

a) ..140 W C 50W/ 5h C .10 W C 10W/ 19h/ 365D $\underline{485;45\text{kWh}}$ ¶ $\underline{97;09\text{Euro}}$

b) .10 W C 10W/ 19h 365D $\underline{138;7\text{kWh}}$ ¶ $\underline{27;74\text{Euro}}$

Aufgabe 2.24

Eine Doppelleitung aus Kupfer der Lnge D 100m (Distanz zwischen Anfang und Ende der Doppelleitung) mit dem Querschnitt 1 mm² wird von einem Strom D 6 A durch ossen.

$$_{Cu}\ D\ 0;0178\frac{mm^2}{m}$$

Welche Wrmemenge (Wrmeenergie W) wird pro Stunde an die Umgebung abgegeben?

Lsung

$$P\ D\ I^2\ RI\quad R\ D\ _{Cu}\ \frac{l}{A_{Kreis}}I\quad P\ D\ .6\,A/^2\ 0;0178\frac{mm^2}{m}\ \frac{2\ 100m}{1\,mm^2}I$$

$$P\ D\ 128;16W$$

Durch den Strom uss entsteht eine Verlustleistung von 128,16 Watt. Die Energie oder elektrische Arbeit, die in Form von Wrme an die Umgebung pro Stunde abgegeben wird, betrgt 128,16 Wh (Wattstunden).

$$W\ D\ P\quad t\ D\ \underline{128;16\text{Wh}}$$

Die Energie in Joule:

$$1\,J\ D\ 1\,Ws\quad 1\,kWh\ D\ 1000Wh\ D\ 3:600:000\,Ws\ D\ 3;6\ 10^6\,J$$

$$0;12816\,kWh\ D\ \underline{461;4\text{kJ}}$$

Aufgabe 2.25

Eine Ladung von einer Million Elektronen wd in einem homogenen elektrischen Feld der Feldstrke 6;0 $\frac{kV}{cm}$ um 3 mm entgegen der Feldrichtung verschoben. Wie gro ist die verrichtete Verschiebungsarbeit W_2?

Lsung

$$U\ D\ \frac{W}{Q}I\quad E\ D\ \frac{U}{l}\,)\quad W\ D\ E\quad l\quad Q$$

Im elektrischen Feld verlaufen die Feldlinien von der positiven zur negativen Seite. Werden die Elektronen entgegen der Feldrichtung verschoben, so bewegen sie sich zur positiven Seite hin, von der sie angezogen werden. Bei der Verschiebung wird Leistung gewonnen bzw. abgegeben, die Arbeit hat negatives Vorzeichen.

$$W_{12} = 6{,}0 \cdot 10^3 \frac{V}{cm} \cdot 0{,}3cm \cdot 10^6 \cdot 1{,}6 \cdot 10^{-19} As = \underline{\underline{2{,}88 \cdot 10^{-10} Ws}}$$

Elektrische Leistung

Aufgabe 2.26
Eine Glühlampe hat folgende Nenndaten: $U = 12V$, $P = 55W$.

a) Wie groß ist die Stromaufnahme der Glühlampe?
b) Wie hoch ist der Widerstand des Glühfadens für diesen Betriebspunkt?

Lösung
a) Aus $P = U \cdot I$ folgt $I = \frac{P}{U} = \frac{55W}{12V} = \underline{\underline{4{,}58A}}$

b) Ohmsches Gesetz $R = \frac{U}{I} = \frac{12V}{4{,}58A} = \underline{\underline{2{,}62}}$

Aufgabe 2.27
An einem elektrischen Widerstand (z. B. einem elektrischen Heizofen) wird die Spannung von $U_1 = 230V$ auf $U_2 = 245V$ erhöht. Um wie viel Prozent steigt die Leistung an? Der Widerstand wird als konstant angenommen.

Lösung
Der Widerstand R eines elektrischen Verbrauchers nimmt bei der Spannung U_1 die Leistung P_1 und bei der Spannung U_2 die Leistung P_2 auf.

$$P_1 = \frac{U_1^2}{R} \qquad P_2 = \frac{U_2^2}{R}$$

Die relative Leistungsänderung beträgt dann

$$p = \frac{P_2 - P_1}{P_1} = \frac{\frac{U_2^2}{R} - \frac{U_1^2}{R}}{\frac{U_1^2}{R}} = \frac{U_2^2}{U_1^2} - 1 \qquad p = 0{,}13468 = \underline{\underline{13{,}5\%}}$$

Aufgabe 2.28
Um wie viel Prozent muss die an einem ohmschen Widerstand anliegende Gleichspannung U_1 auf U_2 verringert werden, damit die vom Widerstand aufgenommene Leistung P_1 von um $P = 25\%$ auf P_2 sinkt?

Lsung

a) Der Widerstand zwischen den Klemmen A und B ist:

$$R_{AB} = (R_1 \parallel R_2) + (R_3 \parallel R_4) \quad R_1 \parallel R_2 = \frac{R_1 \cdot R_2}{R_1 + R_2} = \frac{72}{18} = 4\,\Omega$$

$$R_3 \parallel R_4 = \frac{R_3 \cdot R_4}{R_3 + R_4} = \frac{144}{24} = 6\,\Omega \quad \underline{R_{AB} = 10\,\Omega}$$

b) Nach der Spannungsteilerregel fllt an der Parallelschaltung R_1 und R_2 folgende Spannung ab: $U_{12} = 10\,V \cdot \frac{4}{10} = 4\,V$. Damit liegt an der Parallelschaltung von R_3 und R_4 die Spannung $U_{34} = 10\,V - 4\,V = 6\,V$. Es werden die Verlustleistungen in den Widerstnden berechnet.

$$P_{V1} = \frac{U^2}{R} = \frac{16}{12}\,W = 1;\overline{3}\,W < 1;5\,W \;) \quad \text{nicht berlastet}$$

$$P_{V2} = \frac{16}{6}\,W = 2;\overline{6}\,W < 3;0\,W \;) \quad \text{nicht berlastet}$$

$$P_{V3} = \frac{36}{12}\,W = 3;0\,W > 1;5\,W \;) \quad \text{berlastet}$$

$$P_{V4} = \frac{36}{12}\,W = 3;0\,W = 3;0\,W \;) \quad \text{nicht berlastet, aber an der Belastungsgrenze}$$

Aufgabe 2.31

Eine Glhlampe mit den Daten 230 V, 40 W hat einen einfach gewendelten Wolframglhdraht mit der Lnge $l = 657\,mm$ und mit einem Durchmesser $d = 0;0226\,mm$.

a) Berechnen Sie den Betriebswiderstand, wenn die Glhlampe leuchtet und den Kaltwiderstand R_{20} im ausgeschalteten Zustand.

b) Wie gro ist der Strom $I_\sim$ im Betriebsfall und wie gro ist der Einschaltstrom I_{20}?

Der spezi sche Widerstand von Wolfram bei 20 $\degree$ ist $\varrho_{20} = 0;055\,\frac{mm^2}{m}$.

Lsung

a) Betriebswiderstand $R_\sim = \frac{U^2}{P} = \frac{230^2\,V^2}{40\,W} = \underline{1;32\,k\Omega}$

Kaltwiderstand:

$$R_{20} = \varrho_{20} \cdot \frac{l}{A} = \varrho_{20} \cdot \frac{l \cdot 4}{d^2} = 0;055\,\frac{mm^2}{m} \cdot \frac{0;657\,m \cdot 4}{0;0226^2\,mm^2} = \underline{90;1\,\Omega}$$

b) Strom im Betriebsfall $I_\sim = \frac{P}{U} = \frac{40\,W}{230\,V} = \underline{0;17\,A}$

Einschaltstrom $I_{20} = \frac{U}{R_{20}} = \frac{230\,V}{90;1\,\Omega} = \underline{2;55\,A}$

. Wirkungsgrad

Aufgabe 2.32
Ein Netzteil hat folgende Spannungsausgnge:

$$C5V = 25A| \quad C12V = 9A| \quad 5V = 0;5A| \quad 12V = 0;5A$$

Welche Leistung P_{zu} nimmt das Netzteil auf, wenn der Wirkungsgrad D 70% betrgt?

Lsung

$$D \frac{\text{abgegebene Leistung}}{\text{zugefhrte Leistung}} D \frac{P_{ab}}{P_{zu}} D \frac{\text{Nutzleistung}}{\text{Nutzleistung} C \text{ Verlustleistung}} D \frac{P_{ab}}{P_{ab} C P_V}$$

$$P_{ab} D 5V \cdot 25A C 12V \cdot 9A C 5V \cdot 0;5A C 12V \cdot 0;5A D 241;5W$$

$$P_{zu} D \frac{P_{ab}}{} D \frac{241;5W}{0;7} D \underline{345W}$$

Aufgabe 2.33
Ein Gleichstrommotor wird bei einer Drehzahl D 1200 1=min mit dem Drehmoment M D 30 N m belastet. Am Motor liegt die Spannung D 150V an, der aufgenommene Strom betrgt 30 A. Wie gro ist der Wirkungsgrad des Motors?

Lsung
Die vom Motor aufgenommene elektrische Leistung ist P_{zu} D U · I D 150V · 30A D 4500W.

Die Drehzahl ist n D 1200 1=min D $\frac{1200}{60}$ 1=s D 20 1=s.

Die Winkelgeschwindigkeit ergibt sich zu D 2 n D 2 · 20 $\frac{1}{s}$ D 125;7 $\frac{1}{s}$.

Mit W D $\frac{N m}{s}$ (Leistung D Arbeit pro Zeiteinheit, Wat D Newtonmeter pro Sekunde) folgt die vom Motor an der Welle abgegebene mechanische Leistung:

$$P_{ab} D M \cdot \quad D 30 N m \cdot 125;7\frac{1}{s} D 3771W:$$

Der Wirkungsgrad des Motors ist D $\frac{P_{ab}}{P_{zu}}$ D $\frac{3771W}{4500W}$ · 100% D $\underline{84\%}$.

Die Betrachtung des Wirkungsgrades wird jetzt auf den Wechselstromkreis erweitert.

Aufgabe 2.34
Eine Glhlampe mit den Nenndaten 24 V und 2,4 W wird ber einen Vorwiderstand an einer Wechselspannung D 60V (Effektivwert), f D 50 Hz mit seiner Nennleistung betrieben.

a) Berechnen Sie den Wirkungsgrad

b) Anstelle des Vorwiderstandes wird jetzt ein Kondensator mit der Glhlampe in Reihe geschaltet. Wie gro muss der Kapazittswer C fr den Betrieb der Glhlampe mit Nennleistung sein? Wie gro ist jetzt der Wirkungsgrad

c) Welche Blindleistung Q nimmt die gesamte Schaltung auf? Wie gro ist der Leistungs-faktor cos'/ ?

Lsung

a) Bei Nennbetrieb ist der Strom durch die Glhlampe $D \frac{P}{U} D \frac{2;4W}{24V} D 0;1A$, ihr Widerstand ist somR $D \frac{U}{T} D \frac{24V}{0;1A} D 240$. Damit bei 60 V ebenfalls 0,1 A ieen, muss der Vorwiderstand den We 660 haben. In ihm entsteht die Verlustleistung 3,6 W. Der Wirkungsgrad ist $D \frac{2;4W}{2;4WC3;6W} D 0;4 (40\%)$.

b) Der Blindwiderstand X_C des Kondensators mus 660 sein: $X_C D \frac{1}{!C} D 360$.

$$C D \frac{1}{2 \quad 50s^{-1} \quad 360} D 8;8 \quad 10^{-6} F D 8;8 \quad F$$

Es entsteht keine Verlustleistung D 100%.

c) Die Scheinleistung is $S D U \quad I$.
Der Leistungsfaktor ist

$$\cos'/ \ D \frac{P}{S} D \frac{2;4W}{60V \quad 0;1A} D \frac{2;4W}{6VA} D 0;4:$$

Die Blindleistung ist:

$$Q D S \quad \sin.'/ \ D S \quad \sin \quad \arccos \frac{P}{S} \quad D 5;5 var.$$

Aufgabe 2.35

Ein Einphasen-Wechselstrommotor und ein Heizgert sind an das Stromversorgungsnetz U D 230V, f D 50Hz angeschlossen. Das Heizgert nimmt eine Leistung P D 1;8kW auf. Der Motor hat eine Nennleistung (mechanische Wellenleistung) P D 1;2kW. Sein Nennstrom ist I_N D 8;0A, der Leistungsfaktor ist cos $_N$/ D 0;8.

a) Wie gro ist der Wirkungsgrad des Motors?

b) Skizzieren Sie das Zeigerbild der Leistungen.

c) Berechnen Sie den Leistungsfaktor cos/, der sich insgesamt ergibt.

Lsung

a)

$$D \frac{P_{ab}}{P_{zu}} D \frac{P_N}{U \quad I_N \quad \cos' \ _N/} D \frac{1;2kW}{230V \quad 8;0A \quad 0;8} D 0;815$$

b) Das Zeigerbild der Leistungen zeigt Abb. 2.13.

dem Ausschalten von T. Die Drossel erhlt den Strom uss aufrecht. Die Freilaufdiode verhindert Induktionsspannungsspitzen und sgtgichzeitig fr ein en gleichfrmigen Strom uss.

Man kann zeigen, dass die Ausgangsspng (ihr zeitlicher Mittelwert) nur vom Tastverhltnis und der Eingangsspannung abhgig ist, sie ist unabhngig von der Last.

$$U_a = \frac{t_{ein}}{T} \, U_e$$

Als Beispiel wird jetzt die vereinfachende Aahme getroffen, dass die Verlustleistung im eingeschalteten Transistor durch dessen Widerstandswert der Drain-Source-Schaltstrecke $R_{DS,on} = 3$ und der Spannungsabfall $U_S = 0{,}7V$ an der Freilaufdiode die einzigen Verluste sind. (In der Praxis kommen die wesch schwieriger zu berechnenden dynamischen Verluste beim Schen des Transistors hinzu.)

Die Spannungen sind $U_e = 12V$ und $U_a = 5V$, die Strme sind $I_e = I_a = 100mA$. Zu berechnen sind die Verlustleistung P_V und der Wirkungsgrad des Schaltreglers.

Lsung

$$U_a = \frac{t_{ein}}{T} \, U_e) \quad \frac{t_{ein}}{T} = \frac{U_a}{U_e} = \frac{5V}{12V} = \frac{5}{12}$$

Die Verlustleistung im MOSFET ist whrend der Einschaltzeit:

$$P_{ein} = I_e^2 \, R_{DS,on} = .0{,}1 A/^2 \cdot 3 = 0{,}03W:$$

Die Verlustleistung in der Freilaufdiode ist whrend der Ausschaltzeit:

$$P_{aus} = U_S \, I_a = 0{,}7V \cdot 0{,}1A = 0{,}07W:$$

Die gesamte Verlustleistung ist:

$$P_V = P_{ein} \, \frac{t_{ein}}{T} + P_{aus} \, \frac{t_{aus}}{T} = 30mW \cdot \frac{5}{12} + 70mW \cdot \frac{7}{12} = \underline{\underline{53{,}3mW:}}$$

Der Wirkungsgrad ist:

$$= \frac{P_{ab}}{P_{ab} + P_V} = \frac{5V \cdot 0{,}1A}{5V \cdot 0{,}1A + 0{,}0533W} \cdot 100\% = \underline{\underline{90{,}4\%}}$$

Der Vorteil eines Schaltreglers ist seine geringe Verlustleistung und ein entsprechend hoher Wirkungsgrad. Die Ausgangsspannung eiBehaltreglers hat jedoch gegenber einem linearen Spannungsregler eine greReestwelligkeit. Ein Vergleich von Aufgabe 2.37 und Aufgabe 2.38 ergibt:

Schaltregler   Vorteil: hoher Wirkungsgrad, Nachteil: hohe Restwelligkeit.
Linearer SpannungsreglVorteil: kleine Restwelligkeit, Nachteil: kleiner Wirkungsgrad.

Lineare Bauelemente im Gleichstromkreis

Zusammenfassung

Der ohmsche Widerstand wird mit seinen Erscheinungsformen, der Festlegung von Strom-Spannungskennlinie und seiner Bauteilgleichung eingefhrt. Mit dem spezi - schen Widerstand von Leitermaterialien werden die Widerstnde von Leitungen bestimmt. Zur Strombegrenzung dient der Vorwiderstand. Die Aufteilung einer Spannung durch die Reihenschaltung von Widerstn mit der Spannungsteilerregel zur Berechnung von Teilspannungen wird an zahlreichen Beispielen gebt. Ebenso wird die Aufteilung des Stromes und die Stromteilerregel geschult. Die Bedeutung der Temperaturabhngigkeit des Widerstandes zeigen entsprechende Anwendungen. Der zulssigen Verlustleistung, der Lastminderungskurve und dem Wrmewiderstand ist ein ausfhrlicher Abschnitt gewidmet. Die Beschreibung der technischen Ausfhrung von Festwiderstnden vermittelt einen Bezug zur Praxis.

Es folgen der Kondensator, das elektrostatische Feld und die darin gespeicherte Energie. Bei technischen Ausfhrungen von Kondensatoren werden Kapazittswerte berechnet, wobei geschichtete Dielektrika in unterschiedlichen Ausfhrungsformen bercksichtigt werden. Das radialsymmetrische wie auch das inhomogene elektrische Feld ergeben anspruchsvolle physikalische Berechnungen.

Mit der Spule wird das magnetische Feld eingefhrt. Es werden die Induktivitten unterschiedlich aufgebauter Spulen bestimmt. Bei magnetischen Kreisen wird der Einuss eines Luftspalts auf magnetise Gren deutlich. Die Berechnung der Induktivitt von Leiteranordnungen vervollstndigt dieses Kapitel.

' Springer Fachmedien Wiesbaden GmbH 2017
L. Stiny, Aufgabensammlung zur Elektrotechnik und Elektronik
DOI 10.1007/978-3-658-14381-7_3

. Grundwissen kurz und bndig

. . Der ohmsche Widerstand

Jeder elektrische Leiter hat einen bestimmten Widerstandswert.
Der Widerstandswert ist abhngig von der Temperatur.
Ein Widerstand begrenzt die Stromstekin einem Stromkreis nach dem ohmschen Gesetz.
Fliet durch einen Widerstand Strom, so fllt am Widerstand eine Spannung ab.
Den Widerstand als Bauteil kann man in festnd vernderbare Widerstnde (Poten-ziometer, Trimmer) einteilen.
Festwiderstnde werden nur in Normwerten hergestellt. Die Kennzeichnung des Wi-derstandes mit seinem Wert in Ohm erfolgt hu g durch einen Farbcode. Bei Festwi-derstnden unterscheidet man bedrahtete und SMD-Bauteile.
Ein Widerstand (Bauteil) darf hchstens mit seiner Nennbelastbarkeit betrieben wer-den. Die Belastbarkeit verringert sich mit steigender Temperatur (Derating).

. . Kondensator, elektrostatisches Feld

Ein Kondensator besteht aus zwei sich gegenberstehenden, leitenden Flchen (Elek-troden). Ein bekanntes Beispiel (fr Lehrzwecke) ist der Plattenkondensator.
Ein Kondensator speichert elektrische Ladung. Er wird durch Gleichspannung geladen.
Die Kapazitt eines Kondensators wird in Farad (F) angegeben.
Ein Dielektrikum (Isolierstoff zwischen den Elektroden) erhht die Kapazitt eines Kondensators.
Ein Kondensator sperrt Gleichspannung (nach dem Au aden).
Ein Kondensator lsst Wechselspannung umso besser durch, je hher die Frequenz ist.
Kondensatoren werden u. a. zum Sttzen und Gltten von Gleichspannungen, zur Tren-nung von Gleich- und Wechselspannung und zur Entstrung benutzt.
Den Kondensator als Bauteil kann man in feste und vernderbare Kondensatoren ein-teilen.
Es gibt ungepolte und gepolte Kondensatoren. Elektrolytkondensatoren (Elkos) sind gepolte Kondensatoren, bei Anschluss an eine Gleichspannung ist auf richtige Polung zu achten.
Ein elektrisches Feld wird durch elektrische Feldlinien dargestellt.
Im elektrischen Feld (z. B. zwischen zwei Kondensatorplatten) werden auf Ladungen Krfte ausgebt).

. . Grundlagen des Magnetismus

Ferromagnetische Stoffe zeigen deutliche magnetische Eigenschaften.
Es gibt zwei Arten magnetischer Pole, den Nordpol und den Sdpol.
Gleichnamige magnetische Pole stoen sich ab, ungleichnamige ziehen sich an (Kraftwirkung des Magnetismus).
Je kleiner der Abstand der magnetischen Pole ist, umso grer sind die magnetischen Krfte.
Einzelne magnetische Pole gibt es nicht.
Die Kreisstrme der Elektronen bilden Elementarmagnete. In den Weissschen Bezirken sind die Elementarmagnete gleiche Richtung ausgerichtet.
Beim Magnetisieren werden die Weissschen Bezirke in die gleiche Richtung ausgerichtet.
Das Magnetisieren eines ferromagnetischen Stoffes durch einen anderen Magneten nennt man magnetische In uenz.
Ein Magnetfeld ist ein Raum, in dem magnetische Krfte wirksam sind. Die Krfte werden durch gerichtete Feldlinien veranschaulicht.
Auerhalb eines Magneten verlaufen die Feldlinien vom Nord- zum Sdpol, innerhalb eines Magneten vom Sd- zum Nordpol.
Magnetische Feldlinien sind stets in sich geschlossen.

. . Spule

Eine Spule besteht aus Drahtwindungen.
Ein Magnetfeld wird durch magnetische Feldlinien dargestellt.
Ein stromdurch ossener Leiter ist stets von einem Magnetfeld umgeben. Die Strke des Magnetfeldes ist proportional zur Stromstrke und der Windungszahl der Spule.
ndert sich das Magnetfeld durch eine Spule, so wird in der Spule eine Spannung induziert. Die Spannung wird umso grer, je schneller und je strker die Feldnderung ist.
Die nderung eines Magnetfeldes kann durch Bewegung oder Stromnderung verursacht werden.
Wird eine Spule von einem sich ndernden Strom durch ossen, so wird in der Spule eine Spannung induziert (Selbstinduktion). Die Spannung wirkt der Stromnderung, durch die sie entsteht, entgegen.
Die Induktivitt einer Spule wird in Henry (H) angegeben.
Ein ferromagnetischer Kern erhht die Induktivitt einer Spule.

Eine Spule sperrt Wechselspannung umso strker, je hher die Frequenz ist.
Eine Spule lsst Gleichspannung durch.
Spulen werden u. a. beim Transformator, zur Trennung von Frequenzen und in
Schwingkreisen benutzt.
Im stationren Gleichstromkreis (die Strme ndern sich nicht mehr) wirkt nur der
ohmsche Widerstand der Spulenwicklung.

. . Wichtige Formeln

$$R = \frac{l}{A} \qquad R = {}_{20}\, R_{20} \; \# \;$$

$$P_{th} = \frac{Q}{t} \qquad P_{th} = \frac{T\, T_A}{R_{th}} = \frac{T}{R_{th}} \qquad R_{th;JC} = \frac{T_J\, T_A}{P_V}$$

$$T_J = R_{th;JA}\; P_{Vmax} < T_A \qquad R_{th;JC} = \frac{T}{P_{tot}}$$

$$P_V . T_C / = P_{tot}\, \frac{T_{Cmax}\, T_C}{T_{Cmax}\, T_{C;N}} = \frac{T_{Cmax}\, T_C}{R_{th;JC}}$$

$$R_{th;HA} = \frac{T_{Jmax}\; . R_{th;JC} < R_{th;CH}/\; P_V\, T_A}{P_V}$$

$$S = \quad E \qquad E = \frac{F}{q} \qquad U_{12} = \frac{W_{12}}{q} = \qquad = {}_0\, {}_r\; E = \frac{Q}{A}$$

$$C = \frac{Q}{U} \qquad C = {}_0\, {}_r\; \frac{A}{d}$$

$$\quad = {}_0\, {}_r \qquad {}_0 = 8;85\cdot 10^{12}\,\frac{As}{Vm} \qquad W_C = \frac{1}{2}CU^2 = \frac{1}{2}\frac{Q^2}{C} = \frac{1}{2}QU$$

$$F = \frac{1}{2}\frac{Q^2}{{}_0\, A} = \frac{1}{2C}\frac{Q^2}{d} = \frac{1}{2}\frac{U\, Q}{d} = \frac{1}{2}Q\, E = \frac{1}{2}\frac{U^2\, C}{d} \qquad F = \frac{Q_1\, Q_2}{4\, {}_0\, r^2}$$

$$E = \frac{Q_1}{4\, {}_0\, r^2} \qquad = \frac{Q}{V}$$

$$Q = \quad \; d = {}_0 \quad \; d \qquad U_{12} = \quad \; d = '.P_1/ \quad '.P_2/$$

$${}_0 = 4\cdot 10^{7}\,\frac{Vs}{Am}$$

$$L = {}_0\, {}_r\, \frac{A\, N^2}{l} \qquad = \quad N = H \quad \; \; H = \frac{}{l}$$

$$E = {}_0\, {}_r\, H \qquad = B\; A = \frac{}{R_m}$$

$$R_m = - = {}_m\, \frac{l}{A} \qquad {}_m = \frac{1}{} = \frac{1}{{}_0\, {}_r} \qquad L = \frac{N}{l}$$

$$\oint \vec{H} \cdot d\vec{s} = D \qquad \oiint \vec{S} \cdot d\vec{A} \qquad D \qquad \oiint \vec{B} \cdot d\vec{A}$$

$$V_{AB} = D \quad \oint_A^{Z_B} \vec{H} \cdot d\vec{s} \qquad W_L = D \; \frac{1}{2} \, L \, I^2 \qquad H \cdot r = D \; \frac{I}{2} \cdot \frac{1}{r}$$

$$U_i = D \quad L \; \frac{dI(t)}{dt} = D \; L \; \frac{I}{t} \qquad u_{ind} = D \; I \; v \; B \; I$$

$$u_{ind} = D \; N \; B \; \frac{A}{t} \qquad u_{ind} = D \; N \; \frac{1}{t} \qquad F = D \; N \; I \; I \; B \; \sin \alpha$$

. Widerstand

.. Der ohmsche Widerstand

Aufgabe 3.1
Was versteht man unter einer Bauteilgleichung? Wie lautet die Bauteilgleichung des ohmschen Widerstandes?

Lsung
Die Bauteilgleichung gibt den Zusammenhang zwischen Strom und Spannung an einem Zweipol an. Die Bauteilgleichung des ohmschen Widerstandes ist das ohmsche Gesetz:
$I = D \; \frac{U}{R} = D \; \frac{1}{R} \; U = D \; G \; U$ mit $R = D$ Widerstand, $G = D \; \frac{1}{R} = D$ Leitwert.

Aufgabe 3.2
a) Was versteht man unter einer Strom-Spannungskennlinie?
b) Wie sieht die Strom-Spannungskennlinie des ohmschen Widerstandes aus?
c) Welche Formen (bezglich des Verlaufs) knnen Strom-Spannungskennlinien haben?

Lsung
a) Eine Strom-Spannungskennlinie ist die gra sche Darstellung der Bauteilgleichung, also des funktionalen Zusammenhangs zwischen Strom und Spannung an einem Bauelement (Zweipol).
b) Die Strom-Spannungskennlinie des ohmschen Widerstandes ist eine Gerade durch den Ursprung in einem kartesischem Koordinatensystem, mit der Spannung auf der Abszisse und dem Strom auf der Ordinate aufgetragen. Diese Funktion $I = f(U)$ ist die Geradengleichung der Bauteilgleichung des ohmschen Widerstandes $\frac{U}{R} = D$ $\frac{1}{R} \; U = D \; G \; U$ (Abb. 3.1).
c) Strom-Spannungskennlinien knnen lineares oder nichtlineares Verhalten haben. Lineare Kennlinien haben einen geraden Verlauf, nichtlineare Kennlinien haben einen (irgendwie) gekrmmten Verlauf. Bei gekrmmten Kennlinien gilt das ohmsche Gesetz nicht.

dessen Querschnitt über seine ganze Länge gleich bleibt. Die zulässige Stromdichte im Draht beträgt $S = \frac{I}{A} = 3\,\frac{A}{mm^2}$. Berechnen Sie die erforderliche Drahtlänge

Für Konstantan ist der spezifische Widerstand $\rho = 0{,}5\,\frac{mm^2}{m}$.

Lösung

$$R = \frac{U}{I} = \frac{1{,}5\,V}{6\,A} = 0{,}25\,\Omega \qquad A = \frac{I}{S} = \frac{6\,A}{3\,\frac{A}{mm^2}} = 2\,mm^2$$

$$l = \frac{R\,A}{\rho} = \frac{0{,}25\,\Omega \cdot 2\,mm^2}{0{,}5\,\frac{mm^2}{m}} = 1{,}0\,m$$

Aufgabe 3.6

Ein Generator und ein Verbraucher sind mit Kupferleitungen verbunden. Hin- und Rückleiter haben zusammen die Länge $l = 600\,m$.

Der Verbraucher hat eine Stromaufnahme von $I = 200\,A$. Der Spannungsabfall an Hin- und Rückleitung soll $U_{ab} = 40\,V$ nicht überschreiten. Welchen Durchmesser muss die Leitung aufweisen?

Der spezifische Widerstand von Kupfer ist $\rho = 0{,}0176\,\frac{mm^2}{m}$.

Lösung

Der Widerstand eines linienhaften, runden Leiters mit dem Durchmesser d ist $R = \rho\,\frac{l}{A}$ mit $A = \frac{\pi}{4}d^2$. Nach dem ohmschen Gesetz ist $U_{ab} = I\,R$. Der Ausdruck für R wird eingesetzt. Es folgt:

$$U_{ab} = I\,\rho\,\frac{l}{A} = I\,\rho\,\frac{4\,l}{\pi d^2}:$$

Aufgelöst nach d ergibt $d = \sqrt{\frac{I\,\rho\,4\,l}{\pi\,U_{ab}}}$.

$$d = \sqrt{\frac{200 \cdot 0{,}0176 \cdot 4 \cdot 600}{\pi \cdot 40}}\,mm \qquad d = 8{,}2\,mm$$

Die Kupferleitung ist für die Praxis viel zu dick.

.. Strombegrenzung durch einen Vorwiderstand

Aufgabe 3.7

Welcher Widerstand R_V muss einer Glühlampe mit den Daten 12 V, 10 W vorgeschaltet (mit ihr in Reihe geschaltet) werden, damit sie an 24 V angeschlossen werden kann, ohne durchzubrennen?

Lsung
a)

$$\frac{I_V}{I} D \frac{R_P}{R_P C R_V}) \quad R_P D R_V \frac{I_V}{I I_V} I$$

$$R_{Pmax} D R_V \frac{I_{Vmax}}{I I_{Vmax}} D 820 \frac{100mA}{500mA 100mA} D \underline{\underline{205}}$$

$$R_{Pmin} D R_V \frac{I_{Vmin}}{I I_{Vmin}} D 820 \frac{10mA}{500mA 10mA} D \underline{\underline{16;73}}$$

R_P muss im Bereich von 16,73 bis 205 stufenlos vernderbar sein.

b) Die von R_P aufgenommene Leistung wre fr den Fall der Leistungsanpassung mit $R_P D R_V$ maximal.

Da R_{Pmax} kleiner als R_V ist, ergibt sich die maximale Leistung P_{max}, fr die R_P ausgelegt werden muss, aus R_{Pmax} und dem zugehrigen, durch R_P ieenden Strom $I_{P.R_{Pmax}}$.

$$P_{max} D I_{P.R_{Pmax}}{}^2 R_{Pmax} D .0;4 A/^2 205 D \underline{\underline{32;8W}}$$

.. Temperaturabhngigkeit des Widerstandes

Aufgabe 3.24
Ein Elektromotor hat eine Wicklung aus Kupferdraht. Bei 20 ist der Widerstand der Wicklung $R_{kalt} D 324m$. Im Betrieb erwrmt sich der Motor, dadurch steigt der Wicklungswiderstand auf $R_{warm} D 382m$. Welche Temperatur der Wicklung stellt sich ein?
Fr 20 C betrgt der Temperaturkoef zient von Kupfer $_{20} D 3;9 10^{3} K^{1}$.

Lsung
Die Widerstandsnderung eines metallischen Leiters durch eine von C20 abweichende Umgebungstemperatur wird nach folgender Formel berechnet $R D _{20} R_{20} \#$.
Hier ist $R D R_{warm} R_{kalt} D 58m$. Somit ist:

$$\# D \frac{R}{_{20} R_{20}} D \frac{58m}{3;9 10^{3} K^{1} 324m} D 45;9K:$$

Um diese Temperatur hat sich die Wicklung ber 20 C erwrmt.
Die Temperatur der Wicklung ist somit $D 20 C C 45;9 C D \underline{\underline{65;9 C}}$.

Aufgabe 3.25
Ein Przisionswiderstand darf bei einer nderung seiner Umgebungstemperatur seinen Wert um hchstens 0;01% gegenber seinem Wert bei 20 C ndern. In welchem Temperaturbereich kann der Widerstand verwendet werden? Der Temperaturkoef zient bei 20 C betrgt $_{20} D 4 10^{5} K^{1}$.

Lösung

Die Widerstandsänderung in Ohm eines metallischen Leiters durch eine von $20°C$ abweichende Umgebungstemperatur ergibt sich nach $\Delta R = \alpha_{20} \cdot R_{20} \cdot \Delta \vartheta$. Die relative (prozentuale) Widerstandsabweichung ist $\frac{\Delta R}{R_{20}} = \alpha_{20} \cdot \Delta \vartheta$. Es ist $0{,}01\% = 10^{-4}$. Es folgt:

$$10^{-4} = \alpha_{20} \cdot |\Delta \vartheta| \quad \rightarrow \quad \Delta \vartheta = \frac{10^{-4}}{4 \cdot 10^{-5} \mathrm{K}^{-1}} = 2{,}5 \mathrm{K}$$

Als Abweichung von $20°C$ ergibt sich damit ein Temperaturbereich zwischen $17{,}5°C$ und $22{,}5°C$: $\underline{17{,}5°C \leq \vartheta \leq 22{,}5°C}$. Der Temperaturbereich ist sehr klein.

Aufgabe 3.26

Die Wicklung eines mit Gleichstrom betriebenen Elektromagneten besteht aus Kupferdraht mit der Länge $l = 200\mathrm{m}$ und dem Querschnitt $A = 1{,}5 \mathrm{mm}^2$. Der spezifische Widerstand von Kupfer bei $20°C$ ist $\rho_{20} = 0{,}0175 \frac{\Omega \mathrm{mm}^2}{\mathrm{m}}$. Der Temperaturkoeffizient für $20°C$ von Kupfer ist $\alpha_{20} = 3{,}9 \cdot 10^{-3} \frac{1}{°C}$.

a) Wie groß ist der Widerstand R_{20} der Wicklung im kalten Zustand (bei der Temperatur $\vartheta = 20°C$)?

b) Wie groß ist der Widerstand R_{120} der Wicklung bei einer Betriebstemperatur von $120°C$. Nehmen Sie an, der Widerstand hängt linear von der Temperatur ab.

Lösung

a)

$$R_{20} = \rho_{20} \cdot \frac{l}{A} = 0{,}0175 \frac{\Omega \mathrm{mm}^2}{\mathrm{m}} \cdot \frac{200\mathrm{m}}{1{,}5 \mathrm{mm}^2} = \underline{\underline{2{,}\overline{3}\,\Omega}}$$

b) Der Temperaturkoeffizient ist positiv, der Widerstand nimmt also mit steigender Temperatur zu. Die Widerstandszunahme beträgt

$$\Delta R = \alpha_{20} \cdot R_{20} \cdot \Delta \vartheta = 3{,}9 \cdot 10^{-3} \frac{1}{°C} \cdot 2{,}\overline{3}\,\Omega \cdot 100°C = 0{,}91\,\Omega$$

Somit ist $R_{120} = R_{20} + \Delta R = 2{,}\overline{3}\,\Omega + 0{,}91\,\Omega = \underline{3{,}24\,\Omega}$

Aufgabe 3.27

Die Kupferwicklung eines Transformators hat bei $15°C$ einen Widerstand von $R_{15} = 18\,\Omega$. Im Dauerbetrieb steigt der Widerstand auf $23{,}5\,\Omega$. Welche Temperatur hat die Wicklung angenommen?

Der Temperaturkoeffizient (Temperaturbeiwert) für $20°C$ von Kupfer ist $\alpha_{20} = 0{,}0039 \mathrm{K}^{-1}$.

Lsung

Der Widerstand eines metallischen Leiters bei der Temperatur ϑ ist $R_\vartheta = R_{20} \cdot (1 + \alpha_{20} \cdot \Delta\vartheta)$ mit $R_{20} =$ Widerstandswert bei 20°C und $\Delta\vartheta =$ Temperaturdifferenz zu 20°C.

Somit ist $R_{15} = R_{20} (1 + \alpha_{20} \cdot (15 - 20)C/)$; daraus ergibt sich R_{20} zu

$$R_{20} = \frac{R_{15}}{1 + \alpha_{20} \cdot (-5\,K/)} = \frac{18}{1 + 0{,}0039\,K^{-1} \cdot (-5\,K/)} = 18{,}36\,\Omega$$

Im Dauerbetrieb ist die Temperaturdifferenz $\Delta\vartheta$ zu 20°C:

$$\Delta\vartheta = \frac{1}{\alpha_{20}} \left(\frac{R_\vartheta}{R_{20}} - 1 \right)$$

R_ϑ ist der Widerstandswert der Wicklung von 23,5 Ω im Dauerbetrieb.

$$\Delta\vartheta = \frac{1}{0{,}0039\,K^{-1}} \left(\frac{23{,}5}{18{,}36} - 1 \right) = 71{,}8\,K$$

Die Wicklung hat somit die Temperatur $\vartheta = \Delta\vartheta + 20°C = \underline{\underline{91{,}8°C}}$

Aufgabe 3.28

Eine Spule ist aus Aluminiumdraht gewickelt und hat bei 20°C einen Widerstand R_{20} von 50 Ω. Sie erwärmt sich auf 70°C. Wie groß ist dann der Wicklungswiderstand R_{70} der Spule?

Der Temperaturkoeffizient für 20°C von Aluminium ist $\alpha_{20} = 0{,}00377\,K^{-1}$.

Lsung

$R_\vartheta = R_{20} \cdot (1 + \alpha_{20} \cdot \Delta\vartheta)$; $R_{70} = 50\,\Omega \cdot (1 + 0{,}00377\,K^{-1} \cdot 50\,K/) = \underline{\underline{59{,}43\,\Omega}}$

Aufgabe 3.29

Ein Kupferdraht mit kreisförmigem Querschnitt hat einen Durchmesser $d = 0{,}2$ mm und eine Länge $l = 20$ m. Wie groß ist der Widerstand R_{20} des Drahtes bei einer Temperatur $\vartheta = 20°C$? Welchen Widerstand R_{180} nimmt der Draht bei einer Erwärmung auf $\vartheta = 180°C$ an? Wie groß ist die prozentuale Widerstandserhöhung?

Von Kupfer sind jeweils bei 20°C der spezifische Widerstand $\rho_{Cu20} = 0{,}0176 \frac{mm^2}{m}$ und der Temperaturkoeffizient $\alpha_{Cu20} = 3{,}9 \cdot 10^{-3}\,K^{-1}$ gegeben.

Lsung

$$\vartheta = 20°C \Rightarrow R_{20} = \rho_{Cu20}\,\frac{l}{A} = 0{,}0176\frac{mm^2}{m} \cdot \frac{20\,m}{0{,}1\,mm/^2} = \underline{\underline{11{,}2\,\Omega}}$$

$$\vartheta = 180°C \Rightarrow R_\vartheta = \rho_{Cu20} R_{20} (1 + \alpha \cdot \Delta\vartheta) = 3{,}9 \cdot 10^{-3}\,K^{-1} \cdot 11{,}2 \cdot 160\,K = 7\,\Omega$$

$$R_{180} = 11{,}2 + 7 = \underline{\underline{18{,}2\,\Omega}}$$

Dies entspricht einer Widerstandserhöhung um 62,5 %.

Aufgabe 3.30

Zwei Adern mit $d = 0{,}9$ mm Durchmesser eines im Erdreich liegenden Fernsprechkabels haben gegeneinander einen Kurzschluss. Zur Bestimmung des Fehlerortes misst man am Kabelanfang zwischen den Anschlüssen der Adern einen Widerstand von $R = 13{,}1\,\Omega$.

a) An welcher Stelle muss aufgegraben werden, wenn im Erdreich eine Temperatur von $20\,°C$ angenommen wird?

b) Um welche Strecke l liegt der Fehlerort vom vermeintlichen Ort entfernt, wenn die mittlere Temperatur im Erdreich in Wirklichkeit $12\,°C$ beträgt?

Gegeben: $\rho_{20} = 0{,}0178\,\frac{mm^2\,\Omega}{m}$, $\alpha_{20} = 3{,}9 \cdot 10^{-3}\,K^{-1}$ (Temperaturkoeffizient für $20\,°C$)

Lösung

a) Der Gesamtwiderstand der beiden kurzgeschlossenen Adern ist:

$$R = \rho_{20}\,\frac{2\,l}{A}$$

Die Entfernung vom Kabelanfang zum Fehlerort ist:

$$l = \frac{A \cdot R}{2 \cdot \rho_{20}} = \frac{0{,}45^2\,mm^2 \cdot 13{,}1\,\Omega}{2 \cdot 0{,}0178\,\frac{mm^2\,\Omega}{m}} = \underline{\underline{234{,}1\,m}}$$

In einer Entfernung von 234,1 m vom Kabelanfang muss aufgegraben werden.

b) Durch die tatsächlich niedrigere Temperatur erhöht sich der Widerstand $R = 13{,}1\,\Omega$ um ΔR. $\Delta R = \rho_{20}\,R_{20}\,\alpha \cdot \vartheta$; $\Delta R = 0{,}0039\,K^{-1} \cdot 13{,}1\,\Omega \cdot 8\,K = 0{,}4087\,\Omega$

$$l = \frac{A \cdot R}{2 \cdot \rho_{20}} = \frac{0{,}45^2\,mm^2 \cdot (13{,}1 + 0{,}4087)\,\Omega}{2 \cdot 0{,}0178\,\frac{mm^2\,\Omega}{m}} = 241{,}40\,m \quad \Delta l = \underline{\underline{7{,}30\,m}}$$

Es folgt eine alternative Betrachtung.

In Wirklichkeit ist $R = 13{,}1\,\Omega$ nicht der Widerstand bei $20\,°C$, sondern bei $12\,°C$.

$$R_{12} = 13{,}1\,\Omega \rightarrow R_{12} = R_{20}\,(1 + \alpha_{20} \cdot (12\,°C - 20\,°C))$$

$$R_{20} = \frac{R_{12}}{1 + \alpha_{20} \cdot (12\,°C - 20\,°C)}$$

Der Widerstand bei $20\,°C$ ist:

$$R_{20} = \frac{13{,}1\,\Omega}{1 + 3{,}9 \cdot 10^{-3}\,K^{-1} \cdot (-8\,K)} = 13{,}522\,\Omega$$

Dieser Widerstandswert kann jetzt in die Formel mit eingesetzt werden.

$$l = \frac{A \cdot R}{2 \cdot \rho_{20}} = \frac{0{,}45^2\,mm^2 \cdot 13{,}522\,\Omega}{2 \cdot 0{,}0178\,\frac{mm^2\,\Omega}{m}} = 241{,}64\,m \quad \Delta l = \underline{\underline{7{,}54\,m}}$$

Woher kommt die Differenz der Ergebnisse fr von 24 cm? In der Formel$R =$ $_{20} R_{20}$ # wurde fr R_{20} der Wert des Widerstandes bei 12 mit 13,1 eingesetzt (alsoR_{12} fr R_{20}). Das berechnete$R$ ist deshalb ungenau bzw. falsch. Die alternative Betrachtungsweise ist der richtige Ansatz.

Aufgabe 3.31

Ein Elektromotor wird an einer idealen Gleichspannungsquelle mit 24,0 Volt betrieben, die 20,0 Meter vom Motor entfernt ist. Fr die Leitungen wird Kupferdraht mit kreisrundem Querschnitt und einem Durchmesser von 2,0 mm verwendet. Die Wicklung des Motors besteht aus Kupferdraht, ihr Widerstand betr$R_W =$ $1,000$ bei einer Wicklungstemperatur von 20C.

Der spezi sche Widϑstand von Kupfer ist $1,76 \cdot 10^{-6}$ cm. Der Temperaturkoef zient fr 20 C von Kupfer ist $\alpha_{20} = 0,0039 K^{-1}$. Rechnen Sie mit drei Nachkommastellen.

a) Wie gro ist die nutzbare Motorleistung P_{20} bei einer Wicklungstemperatur von 20?
b) Durch den Dauerbetrieb steigt die Wicklungstemperatur des Motors von 20 auf 120 C an. Wie gro ist jetzt die nutzbare Motorleistung P_{120}?

Lsung
a) Die gesamte Lnge der Leitung ist: $= 2 \cdot 20m = 40m$.

$$1,76 \cdot 10^{-6} \quad cm = 0,0176 \frac{mm^2}{m}$$

Der Widerstand R_L der Leitung ist:

$$R_L = \frac{l}{A_{Kreis}} = 0,0176 \frac{mm^2}{m} \cdot \frac{40m}{.1 mm/^2} = 0,224$$

Die Widerstnde aus Zuleitung und Motorwicklung addieren sich: $R_G = R_L + R_W$. Der Gesamtwiderstand Stromkreis ist somit $R_G = 1,224$. Im Stromkreis iet der Strom: $I = \frac{U_G}{R_G} = \frac{24V}{1,224} = 19,608A$
An den Zuleitungen fllt die Spannung $U_L = I \cdot R_L = 19,608A \cdot 0,224 = 4,392V$ ab.
Am Motor stehen nur $U_M = U_G - U_L = 24V - 4,392V = 19,608V$ zur Verfgung.
Die nutzbare Motorleistung ist $P_{20} = U_M \cdot I = 19,608V \cdot 19,608A;$
$\underline{P_{20} = 384,474W}$
Alternative Rechnung$P_{20} = I^2 \cdot R_W = .19,608A/^2 \cdot 1,000 = 384,474W$
b) Der Widerstand der Motorwicklung erhht sich um $R = _{20} \cdot R_{W20}$ # $=$ $0,0039K^{-1} \cdot 1,000 \cdot 100K = 0,39$ auf 1,390 .
Der Gesamtwiderstand Stromkreis ist jetzt $R_G = 1,390 + 0,224 = 1,614$.
Somit ist der Strom im Stromkreis $= \frac{U_G}{R_G} = \frac{24V}{1,614} = 14,870A.$

tional zum Wrmebergangswiderstand R_{th} ist:

$$P_{th} = \frac{T - T_A}{R_{th}} = \frac{T}{R_{th}}:$$

Daraus folgt: $R_{th} = \frac{T - T_A}{P_{th}}$

Bei elektronischen Bauelementen entsteht durch eine zugefhrte elektrische Leistung P und daraus resultierender Verlustleistung P_V hu g eine Temperaturerhhung des Bauteils oder der Sperrschicht des Halbleiters.

Mit

$R_{th} = R_{th;JC}$ = Wrmewiderstand Junction-Case (Sperrschicht zu Gehuse, auch innerer Wrmewiderstand genannt)

$T = T_J$ = Temperatur der Sperrschicht

$P_{th} = P_V$ = Verlustleistung im Bauelement

folgt:

$$R_{th;JC} = \frac{T_J - T_A}{P_V}:$$

Hu g ist eine Zerlegung des Wrmewiderstandes in einzelne Komponenten mglich, die sich dann (wie bei der Reihenschaltung ohmscher Widerstnde) summieren.

b) Fr ein elektronisches Bauelement gibt die Lastminderungskurve oder Deratingkurve das Verhltnis von erlaubter Betriebsleistung P zur Nennleistung P_N (also $P = P_N$) in Abhngigkeit der Umgebungstemperatur T_A oder der Gehusetemperatur T_C an. Bis zu einer bestimmten Temperatur T_A ($= 75$ C Umgebungstemperatur oder $T_C =$ 25 C Gehusetemperatur) ist dieses Verhltnis gleich 1,0 und fllt dann mit steigender Temperatur linear ab. Das heit, das Bauelement ist dann mit steigender Umgebungstemperatur immer weniger belastbar.

Werden die Leistungen auf der Ordinate nicht im Verhltnis aufgetragen, so gibt der Wert $P_N = P_{Vmax} = P_{tot}$ auf der Ordinate die maximal zulssige Verlustleistung an. In Datenblttern ist diese als Nennbelastbarkeit, Nennleistung oder maximal erlaubte Verlustleistung angegeben. Bis zu der Temperatur $T_{A;N}$ (meist 75 C Umgebungstemperatur) bzw. bis zu der Temperatur $T_{C;N}$ (meist 25 C Gehusetemperatur) darf die im Bauelement entstehende Verlustleistung P_V gleich P_{Vmax} sein. Oberhalb $T_{A;N}$ bzw. $T_{C;N}$ nimmt die zulssige Verlustleistung mit steigender Temperatur linear ab und erreicht bei der maximalen Betriebstemperatur des Bauelementes (entweder T_{Amax} oder T_{Cmax}) den Wert null.

Der Wrmewiderstand ist in Abb. 3.18 $R_{th;JC} = \frac{T}{P_{tot}}$.

Fr die erlaubte Verlustleistung in Abhngigkeit der Gehusetemperatur gilt:

$$P_V.T_C/ = P_{tot} \frac{T_{Cmax} - T_C}{T_{Cmax} - T_{C;N}} = \frac{T_{Cmax} - T_C}{R_{th;JC}}:$$

Aufgabe 3.38

Aus dem Datenblatt eines Transistors werden folgende Daten entnommen:

max. junction temperature $T_{Jmax} = 150\,°C$
thermal resistance from junction to ambient $R_{th;JA} = max.\,50\,K/W$
thermal resistance junction-case $R_{th;JC} = max.\,3\,K/W$.

Zwischen Transistor und Kühlkörper liegt eine elektrisch isolierende Wärmeleitfolie mit dem Wärmewiderstand $R_{th;F} = 0{,}5\,K/W$. Die Verlustleistung im Transistor beträgt $P_V = 10\,W$, die Umgebungstemperatur ist $T_A = 50\,°C$.

a) Welchen Wärmewiderstand $R_{th;HA}$ darf der Kühlkörper höchstens haben?
b) Wie groß dürfte die Verlustleistung P_{Vmax} ohne Kühlkörper maximal sein?

Lösung

a) Die Strecke für den Wärmestrom von der Sperrschicht des Halbleiterbauelementes bis zur Umgebungsluft setzt sich aus mehreren Wärmewiderständen zusammen. Die Summe aller Wärmewiderstände ergibt den gesamten Wärmewiderstand.

$$R_{th;JA} = R_{th;JC} + R_{th;CH} + R_{th;HA}$$

Hierin bedeuten: J = Junction = Sperrschicht, A = Ambient = Umgebung, C = Case = Gehäuse, H = Heatsink = Kühlkörper
Der gesamte Wärmewiderstand von der Sperrschicht bis zur Umgebungsluft ist:
$R_{th;JA}$ = Wärmewiderstand Junction-Ambient (Sperrschicht zu Umgebung).
Die einzelnen Komponenten des Wärmeübergangswiderstandes sind:
$R_{th;JC}$ = Wärmewiderstand Junction-Case (Sperrschicht zu Gehäuse),
$R_{th;CH}$ = Wärmewiderstand Case-Heatsink (Gehäuse zu Kühlkörper),
$R_{th;HA}$ = Wärmewiderstand Heatsink-Ambient (Kühlkörper zu Umgebung).
Die Gleichung zur Berechnung der Sperrschichttemperatur ist:

$$T_J = R_{th;JA} \cdot P_V + T_A.$$

Darin wird die Sperrschichttemperatur gleich der gegebenen maximalen Sperrschichttemperatur gesetzt. Man erhält $T_{Jmax} = R_{th;JA} \cdot P_V + T_A$.
In diese Gleichung wird $R_{th;JA} = R_{th;JC} + R_{th;CH} + R_{th;HA}$ eingesetzt.

$$T_{Jmax} = (R_{th;JC} + R_{th;CH} + R_{th;HA}) \cdot P_V + T_A$$

Aufgelöst nach $R_{th;HA}$ ergibt:

$$R_{th;HA} = \frac{T_{Jmax} - (R_{th;JC} + R_{th;CH}) \cdot P_V - T_A}{P_V}$$

Der Wärmewiderstand zwischen Gehäuse und Kühlkörper entsteht durch die Wärme-leitfolie, es ist $R_{th;CH} = R_{th;F}$.

$$R_{th;HA} = \frac{150°C - (3°C/W + 0{,}5°C/W) \cdot 10W - 50°C}{10W} = \underline{\underline{6{,}5 K/W}}$$

Der Kühlkörper darf höchstens einen Wärmewiderstand von 6,5 K/W haben.

b) Ohne Kühlkörper ist der Wärmewiderstand zwischen Sperrschicht und Umgebung $R_{th;JA} = 50 K/W$. Die im Transistor entstehende Verlustleistung darf dann maximal sein:

$$P_{Vmax} = \frac{T_{Jmax} - T_A}{R_{th;JA}} = \frac{150°C - 50°C}{50°C/W} = \underline{\underline{2W}}$$

Aufgabe 3.39

Ein Transistor wird in dem Arbeitspunkt $U_{CE} = 20V$, $I_C = 100mA$ betrieben. Der Wärmewiderstand des Transistors ist $R_{th;JC} = 1 K/W$, er wird auf einen Kühlkörper mit dem Wärmewiderstand $R_{th;HA} = 20 K/W$ montiert. Die Umgebungstemperatur beträgt $T_A = 20°C$. Wie hoch ist die Sperrschichttemperatur T_J im Transistor?

Lösung

$T_J = (R_{th;JC} + R_{th;HA}) \cdot P_V + T_A = (1 K/W + 20 K/W) \cdot 20V \cdot 0{,}1A + 20°C = \underline{62°C}$

Aufgabe 3.40

Zwei Transistoren sind auf einem gemeinsamen Kühlkörper befestigt. Beide Transistoren haben den inneren Wärmewiderstand $R_{th;JC} = 1 K/W$ und sind durch eine Wärmeleitfolie mit dem Wärmewiderstand $R_{th;F} = 0{,}5 K/W$ vom Kühlkörper galvanisch getrennt. In jedem Transistor entsteht maximal eine Verlustleistung von $P_V = 20W$. Die Umgebungstemperatur nimmt maximal 40°C an, die Sperrschichttemperatur jedes Transistors darf $T_{Jmax} = 110°C$ nicht überschreiten. Welchen Wärmewiderstand $R_{th;HA}$ darf der Kühlkörper höchstens haben?

Lösung

Zunächst wird die in Aufgabe 3.38 hergeleitete Formel für einen Transistor verwendet.

$$R_{th;HA} = \frac{T_{Jmax} - (R_{th;JC} + R_{th;CH}) \cdot P_V - T_A}{P_V}$$

$$R_{th;HA} = \frac{110°C - (1 K/W + 0{,}5K/W) \cdot 20W - 40°C}{20W} = 2K/W$$

Da der zweite Transistor die an die Umgebung abzuführende Verlustleistung verdoppelt, muss der Kühlkörper den halben Wärmewiderstand wie für einen Transistor haben. Somit muss gelten $\underline{R_{th;HA} \le 1 K/W}$.

Aufgabe 3.41

Zwei Transistoren sind auf einem gemeinsamen Khlkrper befestigt. Beide Transistoren haben den inneren Wrmewiderstand $R_{th;JC}$ D $1\,K=W$ und sind durch eine Wrmeleitfolie mit dem Wrmewiderstand $R_{th;F}$ D $0{,}5\,K=W$ vom Khlkrper galvanisch getrennt. Im Transistor T_1 entsteht maximal eine Verlustleistung von P_{V1} D $10\,W$, im Transistor T_2 ist die maximale Verlustleistung P_{V2} D $20\,W$. Die Umgebungstemperatur nimmt maximal $40\,C$ an, die Sperrschichttemperatur jedes Transistors T_{Jmax} D $110\,C$ nicht berschreiten. Welchen Wrmewiderstand $R_{th;HA}$ darf der Khlkrper hchstens haben?

Lsung

Der Khlkrper muss die Summe der Verlustleistungen P_{V1} C P_{V2} an die Umgebung abfhren. Fr jeden der beiden Transistoren ergibt sich mit $R_{th;CH}$ D $R_{th;F}$ folgende Sperrschichttemperatur:

$$T_{J1;2} \; D \; .R_{th;JC} \, C \, R_{th;F} / \; P_{V1;2} \, C \, R_{th;HA} \; .P_{V1} \, C \, P_{V2} / \, C \, T_A$$

Htten die Transistoren einen unterschiedlichen inneren Wrmewiderstand, so wre fr $R_{th;JC}$ der jeweilige Wert einzusetzen.

Wre z. B. der Wrmewiderstand des Khlkrpers $R_{th;HA}$ D $1{,}6\,K=W$, so wre die Sperrschichttemperatur von T_1

$$T_{J1} \; D \; .1\,K=W \, C \, 0{,}5\,K=W / \; 10\,W \, C \, 1{,}6\,K=W \; 30\,W \, C \, 40\,K \; D \; 103 \; C$$

und die Sperrschichttemperatur von T_2 wre

$$T_{J2} \; D \; .1\,K=W \, C \, 0{,}5\,K=W / \; 20\,W \, C \, 1{,}6\,K=W \; 30\,W \, C \, 40\,K \; D \; 118 \; C:$$

Au sen der Formel fr die Sp errschichttemperatur nach $R_{th;HA}$ und Einsetzen von $T_{J1;2}$ D T_{Jmax} ergibt:

$$R_{th;HA} \; D \; \frac{T_{Jmax} \quad .R_{th;JC} \, C \, R_{th;F} / \; P_{V1;2} \quad T_A}{P_{V1} \, C \, P_{V2}} :$$

Da der Khlkrper fr den Transistor mit der g reren Verlustleistung bemessen sein muss, ist in diese Formel die grere Verlustleistung P_{V2} D $20\,W$ einzusetzen.

$$R_{th;HA} \; D \; \frac{110\,K \quad 1{,}5\,K=W \; 20\,W \quad 40\,K}{30\,W} \; D \; \underline{\underline{1{,}33\,K=W}}$$

Aufgabe 3.42

Fr einen ohmschen Widerstand ist eine maximale Verlustleistung $P_{\Omega max}$ D $0{,}22\,W$ bis zu einer Umgebungstemperatur von maximal $T_{A;N}$ D $70\,C$ spezi ziert. Der Widerstand darf maximal eine Temperatur von ϑ_{max} D $125\,C$ annehmen. Welchen thermischen Widerstand $R_{th;A}$ hat das Bauelement zur Umgebung? Wie gro darf die im Widerstand entstehende Verlustleistung maximal sein, wenn er bei einer Umgebungstemperatur von T_A D $100\,C$ betrieben wird? Zeichnen Sie die zugehrige Lastminderungskurve.

Aufgabe 3.44
Geben Sie Beispiele fr Aufbauarten bezglich des Materials von Festwiderstnden an.

Lsung
Die Aufbauart von Festwiderstnden kanraoh dem Widerstandsmaterial unterschieden werden. Es gibt z. B. Kohleschicht- und Metallschichtwiderstnde. Bei Drahtwiderstnden wird Widerstandsdraht verwendet.

Aufgabe 3.45
Welches sind die wichtigsten Kennwerte eines Festwiderstandes?

Lsung
Die wichtigsten Kennwerte eines Festwiderstandes sind sein Widerstandswert in Ohm und seine Belastbarkeit in Watt. Widerstandstoleranz und Temperaturkoef zient sind ebenfalls wichtige Kenngren.

Aufgabe 3.46
Ein bedrahteter Widerstand ist mit den Färnlgen orange-orange-soarz-rot-braun-gelb gekennzeichnet. Was bedeutet das?

Lsung
Der Widerstandswert ist 33 k, 1 %, TK D 25ppm/K (TK D Temperaturkoef zient)

Aufgabe 3.47
Auf einem SMD-Widerstand ist 47aufgedruckt. Was bedeutet das?

Lsung
Nach dem Dreizeichencode zur Kennzeichnung von SMD-Widerstnden der Reihen E24 (5%) und E48 (2%) von 100 bis 10 M ist der Widerstandswert ABC mit A erste Ziffer des WiderstandswertesDB zweite Ziffer des WiderstandswertesDC Anzahl anschlieender Nullen. Der Widerstandswert ist also 470.k

Aufgabe 3.48
Auf einem SMD-Widerstand ist 42R2 aufgedruckt. Was bedeutet das?

Lsung
Nach dem Dreizeichencode zur Kennzeichnung von SMD-Widerstnden der Reihe E96 (1%) ist der Widerstandswert 42,2

. Kondensator, elektrisches Feld

.. Der Kondensator

Aufgabe 3.49
Welche Fhigkeit ist das Hauptmerkmal eines Kondensators? Was ist fr eine technische Anwendung die wichtigste Eigenschaft eines Kondensators?

Lsung
Ein Kondensator speichert elektrische Ladung bzw. elektrische Energie. Fr eine technische Anwendung ist die wichtigste Eigenschaft eines Kondensators, dass er Gleichspannung sperrt und Wechselspannung mit gwerdender Frequenz immer besser durchlsst (umgekehrtes Vhalten zu einer Spule).

Aufgabe 3.50
Was ist ein Dielektrikum bei einem Kondensator? Was bewirkt es?

Lsung
Ein Dielektrikum ist ein Isolierstoff zwischen zwei ungleichnamigen, getrennten Ladungen eines Kondensators. Durch ein Dielektrikum wird die Kapazitt eines Kondensators erhht.

Aufgabe 3.51
Fr welche Zwecke wird ein Kondensator verwendet? Nennen Sie drei Beispiele.

Lsung
Ein Sttzkondensatorist in einer elektronischen Schaltung parallel zu einem Verbraucher geschaltet und hlt die Versorgungsspannubej sprungartigen ˜nderungen des Verbraucherstromes aufrecht.

Ein Entkopplungskondensattrennt Gleichspannung von einer berlagerten Wechselspannung.

Entstrkondensatorenwerden zur Funkentstrung eingesetzt.

Aufgabe 3.52
Was ist der Vorteil eines Elektrolytkondensators? Auf was ist beim Einsatz eines Elektrolytkondensators zu achten?

Lsung
Ein Elektrolytkondensator besitzt eine groe Kapazitt bei kleiner Baugre. Ein Elko ist ein gepolterKondensator, beim Anschlieen ist auf richtige Polung zu achten.

Aufgabe 3.53
Welches sind die wichtigsten Kennwerte eines (nicht vernderbaren) Kondensators?

Lsung
Die wichtigsten Kennwerte eines Kondensators sind seine Kapazitt und seine maximale Betriebsspannung.

Aufgabe 3.54
Welche technischen Ausfhrungen von Kondensatoren gibt es?

Lsung
Bauarten bzw. Bauformen von Kondensatoren mit festem Kapazittswert sind: Folienkondensatoren, Papierkondensatoren, Metallpapier-Kondensatoren, Elektrolytkondensatoren, Keramikkondensatoren, Glaskondensatoren, Schichtkondensatoren.

Aufgabe 3.55
Auf welche Spannung U muss ein Kondensator mit der Kapazitt C D 33 mF aufgeladen werden, damit er die Ladung Q D 1 C aufnimmt?

Lsung

$$U \ D \ \frac{Q}{C} \ D \ \frac{1\,\text{As}}{33 \cdot 10^{-3}\,\frac{\text{s}}{}} \ D \ \underline{\underline{30{;}3\,\text{V}}}$$

Aufgabe 3.56
Ein Kondensator hat den Kapazittswert C D 1 nF und ist mit der Ladung Q D 10^{-7} As geladen. Auf welchen Wert ndert sich die Spannung U des Kondensators, wenn die Kapazitt um 20 % abnimmt?

Lsung

$$C_1 \ D \ 0{;}8 \ C \ D \ 0{;}8 \cdot 10^{-9}\,\text{Fl} \quad U \ D \ \frac{Q}{C_1}\text{l} \quad U \ D \ \frac{10^{-7}\,\text{As}}{0{;}8 \cdot 10^{-9}\,\text{s}} \ D \ \underline{\underline{125\,\text{V}}}$$

Aufgabe 3.57
Ein Plattenkondensator mit dem Plattenabstand d D 5 mm und der Kapazitt C D 500 pF wurde auf die Spannung U D 5 kV aufgeladen und dann von der Spannungsquelle getrennt.

a) Berechnen Sie die Ladung Q auf den Platten.
b) Mit welcher Kraft F ziehen sich die Kondensatorplatten an?
c) Der Plattenabstand wird auf d D 10 mm gendert. Wie gro ist jetzt die Spannung U_{2d} an den Platten? Welche Arbeit W muss beim Verschieben der Platten verrichtet werden?

Lsung

a)

$$Q D C \ U D 500 \ 10^{12} \frac{S}{} \ 5000V D 2{;}5 \ 10^{6} As$$

b)

$$F D \frac{1}{2} \frac{Q^2}{"_0 \ A} D \frac{1}{2} \frac{Q^2}{C \ d} D \frac{1}{2} \frac{U}{d} Q D \frac{1}{2} Q \ E D \frac{1}{2} \frac{U^2 \ C}{d}$$

$$F D \frac{1}{2} \frac{U}{d} Q D \frac{1}{2} \frac{5000V \ 2{;}5 \ 10^{6} As}{5 \ 10^{3} m} D 1{;}25N$$

c) Der Plattenabstand wird a2d vergrert. Die Kapazitt ist dann: $C D "\frac{A}{2d}$.
Die Spannung ist:

$$U_{2d} D \frac{Q}{C} D \frac{Q}{"\frac{A}{2d}} D \frac{2}{"} \frac{Q}{\frac{A}{d}} :$$

Bei unvernderter Plattengre A und konstanter Ladung Q verdoppelt sich die Spannung auf $U_{2d} D 10kV$.

Die im Kondensator gespeicherte Energie ist $W D \frac{1}{2} QU$. Bei doppelter Spannung ist also die doppelte Energie im Kondensator gespeichert. Die notwendige Arbeit entspricht somit

$$W D \frac{1}{2} QU D \frac{1}{2} \ 2{;}5 \ 10^{6} As \ 5000V D 6{;}25 \ 10^{3} J:$$

Eine Rechnung mit Kraft mal Weg ist natrlich ebenfalls mglich.

$$W D F \ s D 1{;}25N \ 5 \ 10^{3} m D 6{;}25 \ 10^{3} J$$

Aufgabe 3.58
Die planparallelen Platten eines Kondensators mit der Kapazitt $C D 5nF$ sind kreisrund, haben einen Radius von $D 6mm$ und einen Abstand von $d D 0{;}8mm$. Berechnen Sie die relative Permittivitt $"_r$ des Dielektrikums.

Lsung

$$C D "_0 \ "_r \ \frac{A}{d} \ ) \ "_r D \frac{C \ d}{"_0 \ A} l \ "_r D \frac{5 \ 10^{9} \frac{s}{} \ 0{;}8 \ 10^{3} m}{8{;}85 \ 10^{12} \frac{As}{Vm} \ .6 \ 10^{3} m/2} l \ "_r D 3996$$

.. Kondensator, elektrostatisches Feld, Energie

Aufgabe 3.59
Leiten Sie die Formel fr die im Kondensator gespeicherte Energie $W D \frac{1}{2} CU^2$ her.

Lösung

Aus $W = U \cdot Q$ und $Q = I \cdot t$ folgt $W = U \cdot I \cdot t$. Das Differenzial ist $dW = U \cdot I \cdot dt$. Für I wird $I = \frac{dQ}{dt}$ eingesetzt. Man erhält $dW = U \cdot \frac{dQ}{dt} \cdot dt = U \cdot dQ$. Aus $Q = C \cdot U$ folgt $dQ = C \cdot dU$. Somit ist $dW = C \cdot U \cdot dU$. Beiderseitiges Integrieren der Gleichung:

$$\int_0^W dW = C \int_0^U U\,dU \qquad W = C \left[\frac{U^2}{2}\right]_0^U \qquad \underline{\underline{W = \frac{1}{2}CU^2}}$$

Die Energie wird im elektrischen Feld gespeichert.

Aufgabe 3.60

Bei einem Plattenkondensator mit Luft als Dielektrikum ist die Fläche einer Platte 20 cm², der Plattenabstand beträgt $d = 0{,}5$ mm.

a) Wie groß ist die Kapazität C des Kondensators?
b) Wie groß ist der Betrag der Ladung Q auf jeder der Platten, wenn an den Kondensator eine Gleichspannung $U = 220$ V angelegt wird? Wie groß ist die elektrische Feldstärke E zwischen den Platten?
c) Wie groß ist die elektrische Energie W, die im elektrischen Feld zwischen den Kondensatorplatten gespeichert ist?
d) Welche Werte C_d, Q_d und W_d ergeben sich, wenn statt Luft ein Dielektrikum mit $\varepsilon_r = 5$ verwendet wird?

Lösung

a)
$$C = \varepsilon_0 \frac{A}{d} = 8{,}85 \cdot 10^{-12} \frac{As}{Vm} \cdot \frac{20 \cdot 10^{-4}\,m^2}{0{,}5 \cdot 10^{-3}\,m} = 35{,}4 \cdot 10^{-12}\,F = \underline{\underline{35{,}4\,pF}}$$

b)
$$Q = C \cdot U = 35{,}4 \cdot 10^{-12} \frac{s}{} \cdot 220\,V = \underline{\underline{7{,}8\,nC}}$$

$$E = \frac{U}{l} = \frac{220\,V}{0{,}5 \cdot 10^{-3}\,m} = 4{,}4 \cdot 10^5 \frac{V}{m} = 440 \frac{kV}{m} = 4{,}4 \frac{kV}{cm} = \underline{\underline{440 \frac{V}{mm}}}$$

c)
$$W = \frac{1}{2}CU^2 = \frac{1}{2} \cdot 35{,}4 \cdot 10^{-12} \frac{s}{} \cdot (220\,V)^2 = 8{,}6 \cdot 10^{-7}\,J = \underline{\underline{0{,}86\ \mu J}}$$

d)
$$C_d = C \cdot \varepsilon_r = 35{,}4\,pF \cdot 5 = \underline{\underline{177\,pF}} \qquad Q_d = C_d \cdot U = 177\,pF \cdot 220\,V = \underline{\underline{38{,}9\,nC}}$$

$$W_d = \frac{1}{2}C_d \cdot U^2 = \frac{1}{2} \cdot 177 \cdot 10^{-12} \frac{s}{} \cdot (220\,V)^2 = \underline{\underline{4{,}3\ \mu J}}$$

Aufgabe 3.61

Ein Plattenkondensator mit der Plattenfläche $A = 0,1\,m^2$ und dem Plattenabstand $d = 2\,mm$ hat ein Dielektrikum mit der Dielektrizitätszahl $\varepsilon_r = 7$. Der Kondensator ist auf die Spannung $U = 1000\,V$ aufgeladen.

a) Wie groß ist die elektrische Feldstärke E zwischen den Platten?
b) Wie groß ist die elektrische Flussdichte D zwischen den Platten?
c) Wie groß ist der Betrag der auf jeder Platte vorhandenen Ladung Q?
d) Wie groß ist die Kapazität C des Kondensators?

Lösung
a)

$$E = \frac{U}{l} = \frac{1000V}{2 \cdot 10^{-3}m} = \underline{\underline{5 \cdot 10^5 \frac{V}{m}}}$$

b)

$$D = \varepsilon_0 \, \varepsilon_r \, E = 8{,}85 \cdot 10^{-12} \frac{As}{Vm} \cdot 7 \cdot 5 \cdot 10^5 \frac{V}{m} = \underline{\underline{3{,}1 \cdot 10^{-5} \frac{As}{m^2}}}$$

c)

$$U = E \cdot l \quad Q = C \cdot U = C \cdot E \cdot d = \varepsilon_0 \, \varepsilon_r \, E \cdot A = D \cdot A$$

$$Q = 3{,}1 \cdot 10^{-5} \frac{As}{m^2} \cdot 0{,}1 m^2 = 3{,}1 \cdot 10^{-6} As = \underline{\underline{3{,}1 \cdot 10^{-6} C}}$$

d)

$$C = \frac{Q}{U} = \frac{3{,}1 \cdot 10^{-6} As}{1000V} = 3{,}1 \cdot 10^{-9} F = \underline{\underline{3{,}1 nF}}$$

$$\text{oder:} \quad C = \varepsilon_0 \, \varepsilon_r \, \frac{A}{d} = 8{,}85 \cdot 10^{-12} \frac{As}{Vm} \cdot 7 \cdot \frac{0{,}1 m^2}{2 \cdot 10^{-3}m} = \underline{\underline{3{,}1 nF}}$$

Aufgabe 3.62

Ein Kondensator mit Luft als Dielektrikum wird mit $U = 80V$ Gleichspannung geladen und dann von der Spannungsquelle abgetrennt. Der Raum zwischen den Elektroden wird anschließend mit einem Öl mit der Dielektrizitätszahl $\varepsilon_r = 2{,}1$ gefüllt. Auf welchen Wert Q_1 ändert sich dadurch die ursprüngliche Ladung Q? Welchen Wert U_1 nimmt die ursprüngliche Spannung U an?

Lösung
Die Ladung ändert sich nicht, da wegen der nicht angeschlossenen Spannungsquelle keine Ladung transportiert wird. $\underline{Q_1 = Q}$.

Wegen $C = \varepsilon_0 \, \varepsilon_r \, \frac{A}{d}$ wird die Kapazität um den Faktor 2,1 größer. Wegen $U = \frac{Q}{C}$ wird die Spannung um das $\frac{1}{2{,}1}$-fache kleiner: $U_1 = \frac{1}{2{,}1} \cdot 80V = \underline{\underline{38{,}1V}}$

Aufgabe 3.63

Ein Plattenkondensator mit Luft als Dielektrikum und einem Plattenabstand $d_1 = 0,5\,mm$ wird mit $U_1 = 100V$ Gleichspannung aufgeladen und dann von der Spannungsquelle abgeklemmt. Anschließend wird der Plattenabstand auf $d_2 = 0,8\,mm$ vergrößert. Welche Spannung U_2 liegt jetzt am Kondensator?

Lösung

Da die Spannungsquelle vom Kondensator abgeklemmt wurde, bleibt die auf den Platten vorhandene (im Kondensator gespeicherte) Ladung bei Vergrößerung des Plattenabstandes konstant. Somit bleibt auch die elektrische Feldstärke E zwischen den Platten konstant. Somit gelten die Gleichungen $U_1 = E \cdot d_1$ und $U_2 = E \cdot d_2$. Daraus folgt:

$$U_2 = \frac{U_1}{d_1} \cdot d_2 = \frac{100V}{0,5\,mm} \cdot 0,8\,mm = \underline{\underline{160,0V}}$$

Aufgabe 3.64

Ein Kondensator mit der Kapazität $C = 1,0F$ wird auf $U = 3,0V$ aufgeladen. Eine an den Kondensator angeschlossene Leuchtdiode (LED) leuchtet mit einer mittleren Leistung von 20 mW, wenn die ihr zugeführte Spannung zwischen 1,5 V und 3,0 V liegt. Wie groß ist die maximale Leuchtdauer der LED?

Lösung

Zu Beginn des Leuchtens ist die im Kondensator gespeicherte Energie:

$$W_1 = \frac{1}{2}CU^2 = \frac{1}{2} \cdot 1,0F \cdot (3,0\,V)^2 = 4,5J.$$

Am Ende der Leuchtdauer beträgt die gespeicherte Energie nur noch:

$$W_1 = \frac{1}{2}CU^2 = \frac{1}{2} \cdot 1,0F \cdot (1,5\,V)^2 = 1,125J.$$

In der LED wurde während des Leuchtens eine Energie von

$$W = W_1 - W_2 = 4,5J - 1,125J = 3,375J \text{ umgesetzt.}$$

Allgemein gilt: $t = \frac{W}{P}$. Somit ist die Zeit, in der die LED leuchtet:

$$t = \frac{3,375J}{20 \cdot 10^{-3}W} = \underline{\underline{168,75s}}$$

Aufgabe 3.65

Ein Kondensator ist mit 6,0 V geladen. Die gespeicherte Energie soll zur Zündung einer Blitzlichtlampe genutzt werden. Während der Dauer des Lichtblitzes von 1 ms wird die elektrische Leistung $P = 200W$ abgegeben. Welche Kapazität muss der Kondensator haben?

c)

$$Q = C \cdot U = 1{,}6 \cdot 10^{-6}\,\frac{S}{} \cdot 100V = 1{,}6 \cdot 10^{-4}\,As$$

$$W = \frac{1}{2}CU^2 = \frac{1}{2} \cdot 1{,}6 \cdot 10^{-6}\,\frac{S}{} \cdot .100V/^2 = \underline{8\,mJ}$$

$$E = \frac{U}{d} = \frac{100V}{0{,}1 \cdot 10^{-3}m} = 1 \cdot 10^6\,\frac{V}{m} = 10^4\,\frac{V}{cm} = \underline{\underline{10\,\frac{kV}{cm}}}$$

Aufgabe 3.68

Fr die Herstellung eines Wickelkondensators stehen einseitig mit Metall beschichtete Polyethylenfolien mit einer Dicke von d = 20 m und einer Breite von b = 20mm zur Verfgung. Der Kondensator soll eine Kapazitt von C = 100nF haben. Die Permittivittszahl von Polyethylen ist ε_r = 2,3.

a) Welche Lnge l mssen die Folien haben?

b) Welchen Durchmesser D hat der gewickelte Kondensator? Die uere Ummantelung durch eine Kunststoffmasse wird hier nicht beachtet. Die Dicke der Metallschicht wird gegenber der Dicke der Polyethylenfolie vernachlssigt.

Lsung

a) Da durch das Aufwickeln der Folien beide Seiten der Metallschicht Ladung tragen, wird die Flche und damit die Kapazitt im Vergleich zu zwei sich planparallel gegenberstehenden Elektroden (Platten) verdoppelt.

$$C = 2 \cdot \frac{\varepsilon_0\,\varepsilon_r\,b\,l}{d}\,) \quad l = \frac{d \cdot C}{2 \cdot \varepsilon_0\,\varepsilon_r\,b} = \frac{20 \cdot 10^{-6}m \cdot 100 \cdot 10^{-9}\,\frac{As}{V}}{2 \cdot 8{,}85 \cdot 10^{-12}\,\frac{As}{Vm} \cdot 2{,}3 \cdot 20 \cdot 10^{-3}m}$$

$$= \underline{2{,}456m}$$

b) Das Volumen eines geraden Kreiszylinders mit dem Durchmesser D und der Breite b ist $V = \frac{\pi}{4} D^2 \cdot b$. Dieses Volumen entspricht dem Volumen $V = 2 \cdot l \cdot b \cdot d$ der beiden Folien.

$$\frac{\pi}{4} D^2 \cdot b = 2 \cdot l \cdot b \cdot d) \quad D = \sqrt{\frac{8 \cdot l \cdot d}{\pi}} = \sqrt{\frac{8 \cdot 2{,}456m \cdot 20 \cdot 10^{-6}m}{\pi}}$$

$$= 1{,}12 \cdot 10^{-2}m = \underline{1{,}12cm}$$

Aufgabe 3.69

Ein Kondensator besteht aus einem Wickel von je zwei Metall- und Kunststofffolien. Die Metallfolien sind d_{Me} = 20 m dick, die Kunststofffolien haben eine Dicke von d_{Ku} = 50 m. Der Wickel ist 4 mm breit und hat einen Radius von r = 2mm. Die Permittivittszahl der Kunststofffolien ist ε_r = 4. Wie gro ist die Kapazitt C des Kondensators?

c)

$$E_{Glas} = \frac{U_{Glas}}{d_1} = \frac{143V}{2{,}5 \cdot 10^{-3}m} = 5{,}72 \cdot 10^4 \frac{V}{m} = \underline{\underline{57{,}2 \frac{V}{mm}}}$$

$$E_{Luft} = \frac{U_{Luft}}{d - d_1} = \frac{2357V}{5{,}5 \cdot 10^{-3}m} = 4{,}285 \cdot 10^5 \frac{V}{m} = \underline{\underline{428{,}5 \frac{V}{mm}}}$$

Aufgabe 3.73

In einem Plattenkondensator mit der Platten fläche $A = 0{,}15 m^2$ und dem Plattenabstand $d_1 = 0{,}5 mm$ befindet sich eine Isolierstoffplatte mit der Permittivittszahl $\varepsilon_r = 4{,}5$. Das Dielektrikum füllt den gesamten Raum zwischen linker und rechter Kondensatorplatte aus. Der Kondensator wird mit $U_1 = 100V$ Gleichspannung aufgeladen und dann von der Spannungsquelle abgeklemmt. Anschließend wird der Plattenabstand auf $d_2 = 0{,}8 mm$ vergrößert. Es entsteht ein mit Luft gefüllter Abstand zwischen Isolierstoffplatte und rechter Kondensatorplatte.

a) Welche Spannung U_2 liegt jetzt am Kondensator?
b) Welche Energie W ist jetzt im Kondensator gespeichert?

Lösung
a) Vor dem Vergrößern des Plattenabstandes ist die Kapazität des Kondensators

$$C_1 = \varepsilon_0 \, \varepsilon_r \frac{A}{d_1} = 8{,}85 \cdot 10^{-12} \frac{As}{Vm} \cdot 4{,}5 \cdot \frac{0{,}15 m^2}{0{,}5 \cdot 10^{-3}m} = 11{,}95 \cdot 10^{-9} F.$$

Nach dem Vergrößern des Plattenabstandes liegt eine Reihenschaltung von zwei Kondensatoren vor. Die erste Kapazität ist C_1. Die zweite Kapazität ist

$$C_2 = \varepsilon_0 \, \varepsilon_r \frac{A}{d_2 - d_1} = 8{,}85 \cdot 10^{-12} \frac{As}{Vm} \cdot 1 \cdot \frac{0{,}15 m^2}{0{,}3 \cdot 10^{-3}m} = 4{,}425 \cdot 10^{-9} F.$$

Die Gesamtkapazität des Kondensators ist jetzt

$$C_{ges} = \frac{C_1 \cdot C_2}{C_1 + C_2} = \frac{11{,}95 \cdot 4{,}425}{11{,}95 + 4{,}425} \cdot 10^{-9} F = 3{,}23 \cdot 10^{-9} F.$$

Da die Spannungsquelle vom Kondensator abgeklemmt wurde, bleibt die auf den Platten vorhandene (im Kondensator gespeicherte) Ladung bei Vergrößerung des Plattenabstandes konstant. Aus $Q = C_1 \cdot U_1 = C_{ges} \cdot U_2$ folgt:

$$U_2 = U_1 \cdot \frac{C_1}{C_{ges}} = 100V \cdot \frac{11{,}95 \cdot 10^{-9} F}{3{,}23 \cdot 10^{-9} F} = \underline{\underline{370V}}$$

b)

$$W = \frac{1}{2} \cdot C_{ges} \cdot U_2^2 = \frac{1}{2} \cdot 3{,}23 \cdot 10^{-9} F \cdot (370V)^2 = \underline{\underline{2{,}2 \cdot 10^{-4} J}}$$

Aufgabe 3.74

Ein Plattenkondensator mit Luft als Dielektrikum, einer Plattengröße $A = 1{,}0 m^2$ und einem Plattenabstand $d = 8 mm$ wird mit $U = 1000V$ Gleichspannung aufgeladen.

a) Wie groß sind Kapazität C, Ladung Q und gespeicherte Energie W des Kondensators?

b) Der geladene Kondensator wird von der Spannungsquelle abgeklemmt. Anschließend wird eine Isolierstoffplatte der Größe $A = 1{,}0 m^2$, der Dicke $d_1 = 5 mm$ und mit der Permittivitätszahl $\varepsilon_r = 2{,}3$ so zwischen den Platten des Kondensators angebracht, dass sie an einer Metallplatte des Kondensators mit der ganzen Fläche anliegt. Wie groß sind jetzt Spannung U_1, Kapazität C_1, Ladung Q_1 und gespeicherte Energie W_1 des Kondensators?

Lösung

a)

$$C = \varepsilon_0 \frac{A}{d} = 8{,}85 \cdot 10^{-12} \frac{As}{Vm} \cdot \frac{1{,}0 m^2}{8 \cdot 10^{-3} m} = \underline{\underline{1{,}11 nF}}$$

$$Q = C \cdot U = 1{,}11 \cdot 10^{-9} F \cdot 1000V = 1{,}11 \cdot 10^{-6} C = \underline{\underline{1{,}11 \mu C}}$$

$$W = \frac{1}{2} C U^2 = \frac{1}{2} 1{,}11 \cdot 10^{-9} F \cdot (1000V)^2 = 0{,}55 \cdot 10^{-3} J = \underline{\underline{0{,}55 mJ}}$$

b) Es liegt eine Reihenschaltung von zwei Kondensatoren vor. Die erste Kapazität ist C_a. Die zweite Kapazität ist C_b.

$$C_a = \varepsilon_0 \varepsilon_r \frac{A}{d_1} = 8{,}85 \cdot 10^{-12} \frac{As}{Vm} \cdot 2{,}3 \cdot \frac{1{,}0 m^2}{5 \cdot 10^{-3} m} = 4{,}1 \cdot 10^{-9} F$$

$$C_b = \varepsilon_0 \frac{A}{d - d_1} = 8{,}85 \cdot 10^{-12} \frac{As}{Vm} \cdot \frac{1{,}0 m^2}{3 \cdot 10^{-3} m} = 2{,}95 \cdot 10^{-9} F$$

Die Kapazität ist jetzt:

$$C_1 = \frac{C_a \cdot C_b}{C_a + C_b} = \frac{4{,}1 \cdot 2{,}95}{4{,}1 + 2{,}95} \cdot 10^{-9} F = 1{,}72 \cdot 10^{-9} F = \underline{\underline{1{,}72 nF}}$$

Die auf den Kondensatorplatten gespeicherte Ladung bleibt unverändert: $Q_1 = Q = \underline{\underline{1{,}11 \mu C}}$

$$Q = C \cdot U = C_1 \cdot U_1 \Rightarrow U_1 = \frac{C}{C_1} \cdot U = \frac{1{,}11 nF}{1{,}72 nF} \cdot 1000V = \underline{\underline{645{,}4V}}$$

$$W_1 = \frac{1}{2} C_1 U_1^2 = \frac{1}{2} 1{,}72 \cdot 10^{-9} F \cdot (645{,}4V)^2 = 3{,}58 \cdot 10^{-4} J = \underline{\underline{0{,}36 mJ}}$$

a) Wie gro darf die Dicke d der Schutzschicht sein, damit die Kapazitt des Kondensators nicht grer als 10 pF ist?

b) Welche Spannung darf maximal an den Kondensator angelegt werden, damit die Feldstrke im verbleibenden Luftraum nicht grer wird als $E = 10 kV=cm$?

Lsung

a) Das Dielektrikum des Kondensators ist quer geschichtet. Die Kapazitt des Kondensators entspricht der Reihenschaltung von zwei Kondensatoren mit den Permittivittszahlen ε_{r1} und ε_{r2}.

$$C_1 = \varepsilon_0 \, \varepsilon_{r1} \frac{A}{d_1 - 2d} \mid C_2 = \varepsilon_0 \, \varepsilon_{r2} \frac{A}{2d} \mid C = \frac{C_1 \, C_2}{C_1 + C_2}$$

$$C = \frac{\varepsilon_0 \, \varepsilon_{r1} \frac{A}{d_1 - 2d} \, \varepsilon_0 \, \varepsilon_{r2} \frac{A}{2d}}{\varepsilon_0 \, \varepsilon_{r1} \frac{A}{d_1 - 2d} + \varepsilon_0 \, \varepsilon_{r2} \frac{A}{2d}} = \frac{\varepsilon_0 \, \varepsilon_{r1} \, \varepsilon_{r2} A}{2d \cdot d_1 - 2d / \frac{\varepsilon_{r1}}{d_1 - 2d} + \frac{\varepsilon_{r2}}{2d}}$$

$$C = \frac{\varepsilon_0 \, \varepsilon_{r1} \, \varepsilon_{r2} A}{2d \, \varepsilon_{r1} \cdot d_1 - 2d / \, \varepsilon_{r2}} \mid 2d \, \varepsilon_{r1} \cdot d_1 - 2d / \, \varepsilon_{r2} = \frac{\varepsilon_0 \, \varepsilon_{r1} \, \varepsilon_{r2} A}{C}$$

$$2d \cdot \varepsilon_{r1} \, \varepsilon_{r2} / = \frac{\varepsilon_0 \, \varepsilon_{r1} \, \varepsilon_{r2} A}{C} \, d_1 \, \varepsilon_{r2} \mid$$

$$d = \frac{1}{2 \cdot \varepsilon_{r1} \, \varepsilon_{r2} /} \frac{\varepsilon_0 \, \varepsilon_{r1} \, \varepsilon_{r2} A}{C} \, d_1 \, \varepsilon_{r2}$$

$$d = \frac{1}{2.1 \quad 2;8/} \frac{8;85 \cdot 10^{-12} \frac{As}{Vm} \, 1 \, 2;8 \, 15 \cdot 10^{-4} m^2}{10 \cdot 10^{12} F} \quad 1;5 \cdot 10^{-3} m \, 2;8 \mid !$$

$$d = 1;34 \cdot 10^{-4} m = 134 \, m$$

b)

$$U = E \cdot d_1 \quad 2d / \mid \quad U = 10 \cdot 10^3 \frac{V}{cm} .0;15 cm \quad 2 \, 1;34 \cdot 10^{-2} cm / \mid \quad \underline{U = 1232V}$$

Aufgabe 3.80

Ein Plattenkondensator C_1, der mit einem Dielektrikum mit der Permittivittszahl $\varepsilon_r = 3$ gefllt ist, ist auf die Spannung $U_1 = 80V$ aufgeladen. Ein ungeladener Plattenkondensator C_2 mit denselben geometrischen Abmessungen wie C_1, jedoch mit Luft als Dielektrikum, wird zu C_1 parallel geschaltet.

a) Wie gro ist jetzt die Spannung U_1^0?

b) Um welchen Faktor hat sich die im Kondensator C_1 gespeicherte Energie gendert?

Auf beiden Seiten der Kugelschale sind die Ladungsträger gleichmäßig verteilt. Die Oberfläche einer Kugel mit dem Radius r ist $A = 4\pi r^2$. Auf dieser Kugeloberfläche entsteht durch Influenz eine Flächenladungsdichte $D = Q/A$. Diese Flächenladungsdichte entspricht im elektrostatischen Gleichgewicht der elektrischen Flussdichte D (früher als Verschiebungsdichte bezeichnet).

Somit gilt: $D = \dfrac{Q}{A} = \dfrac{Q_1}{4\pi r^2}$.

Mit $E = D/\varepsilon_0$ folgt für die Feldstärke im Abstand r von der Punktladung Q_1:

$$E = \frac{Q_1}{4\pi\,\varepsilon_0\, r^2}$$

Das elektrostatische Feld einer homogen geladenen Kugelschale ist also nicht unterscheidbar vom elektrischen Feld einer Punktladung Q. Befindet sich in dem von Q_1 hervorgerufenen Feld der Feldstärke E eine ebenfalls punktförmige Ladung Q_2, so wirkt entsprechend $F = E \cdot Q$ auf sie eine Kraft mit dem Betrag

$$\underline{\underline{F = \frac{Q_1\, Q_2}{4\pi\,\varepsilon_0\, r^2}}}:$$

Dies ist das Coulombsche Gesetz in skalarer Schreibweise. Mit dieser Gleichung kann die Kraft zwischen zwei Punktladungen im Abstand r berechnet werden. Bei ungleichnamigen Ladungen ($Q_1 > 0$ und $Q_2 < 0$ oder umgekehrt) besteht Anziehung zwischen den beiden Ladungen, dann ist $F < 0$. Bei Abstoßung von Ladungen mit gleichem Vorzeichen ist $F > 0$.

Die vektorielle Schreibweise des Coulombschen Gesetzes ist:

$$\vec{F} = \frac{Q_1\, Q_2}{4\pi\,\varepsilon_0\, r^2}\,\vec{e}:$$

Der Vektor $\vec{e} = \dfrac{\vec{r}}{|\vec{r}|} = \dfrac{\vec{r}}{r}$ ist der Einheitsvektor in Richtung $\vec{r}$ mit der Länge 1.

$\vec{r} = \vec{r}_1 - \vec{r}_2$ ist der Ortsvektor von Q_2 nach Q_1. $\vec{F}$ ist die Kraft, die von Q_2 auf Q_1 ausgeübt wird.

Aufgabe 3.82
Leiten Sie das Coulombsche Gesetz mit dem Satz von Gauß her.

Lösung
Der Satz von Gauß lautet:

$$Q = \oint_A \vec{D}\, d\vec{A} = \varepsilon_0 \oint_A \vec{E}\, d\vec{A}$$

In Worten: Der Wert des Integrals der elektrischen Flussdichte über eine geschlossene Fläche A entspricht der Summe der von der Fläche umschlossenen Ladungen Q. Oder: Der von der Ladung Q ausgehende Fluss ist stets gleich der innerhalb der Hülle vorhandenen Ladung.

Eine punktförmige Ladung Q_1 im Ursprung eines Koordinatensystems wird von einer kugelförmigen Hülle um den Ursprung eingeschlossen. Es folgt:

$$\frac{Q_1}{\varepsilon_0} = \oint_A \vec{E} \cdot d\vec{A}$$

Da das elektrische Feld an allen Punkten der Kugeloberfläche gleich groß ist, kann es vor das Oberflächenintegral gezogen werden. Sowohl der Flächenvektor $\vec{A}$ als auch das elektrische Feld zeigen an jedem Punkt der Gaußschen Fläche (Kugeloberfläche) senkrecht nach außen, beide sind radialsymmetrisch. Das Skalarprodukt ist somit einfach zu berechnen, da der Winkel zwischen den Vektoren $\vec{E}$ und $d\vec{A}$ null und der Cosinus dieses Winkels eins ist:

$$\vec{E} \cdot d\vec{A} = E \cdot dA. \text{ Es folgt:}$$

$$\frac{Q_1}{\varepsilon_0} = \oint_A |\vec{E}| \cdot d\vec{A} = |\vec{E}| \cdot 4\pi r^2:$$

Umstellen ergibt die Feldstärke im Abstand r von der Punktladung Q_1: $E = \frac{Q_1}{4\pi\varepsilon_0 r^2}$.

Die Kraft auf eine Punktladung Q_2 in diesem elektrischen Feld ergibt sich wie in Aufgabe 3.81 zu:

$$F = \frac{Q_1 \cdot Q_2}{4\pi\varepsilon_0 r^2}:$$

Das elektrostatische Feld einer geladenen Kugel ist in deren Außenraum mit dem Feld einer Punktladung im Kugelmittelpunkt identisch. Das Coulombsche Gesetz darf nur angewandt werden, wenn die beiden Ladungen Q_1 und Q_2 als Punktladungen aufgefasst werden können.

Aufgabe 3.83

Es soll die Ladung Q_1 auf einer metallischen Hohlkugel mit dem Radius $r_1 = 60\,mm$ ermittelt werden. Bei einer Probekugel mit dem Radius $r_2 = 15\,mm$ und der Ladung $Q_2 = 10^{-8}\,C$ wird im Abstand von $d = 30\,mm$ zwischen den Kugeloberflächen (auf der Verbindungslinie der Kugelmittelpunkte) eine Anziehungskraft von $F = 2{,}5\,mN$ gemessen. Bestimmen Sie das Vorzeichen und den Wert der Ladung Q_1

Lösung

Die Ladungen Q_1 und Q_2 der beiden Kugeln werden als Punktladungen in deren Mittelpunkt aufgefasst. Der Abstand der beiden Mittelpunkte ist

$$r = r_1 + d + r_2 = 60\,mm + 30\,mm + 15\,mm = 105\,mm:$$

Aufgabe 3.89

Eine metallische Hohlkugel mit dem Durchmesser D 10 cm ist auf 100 kV aufgeladen. Der Bezugspunkt mit D 0 V liegt im Unendlichen.

a) Wie groß ist die Ladung Q auf der Kugel?
b) Wie groß ist die Spannung U_{12} zwischen zwei Punkten mit den Abständen 20 cm und 22 cm vom Kugelmittelpunkt?
c) Welchen Wert hat das elektrische Feld auf der Kugeloberfläche?

Lösung

a) In Aufgabe 3.85 wurde für die elektrische Feldstärke einer metallischen Hohlkugel im Abstand r vom Kugelmittelpunkt berechnet:

$$E(r) = \frac{Q}{4 \pi \varepsilon_0 \varepsilon_r r^2} \quad \text{für} \quad r \geq r_0:$$

$$\varphi(r_0) = \int_{r_0}^{\infty} E(r)\, dr = \frac{Q}{4 \pi \varepsilon_0 \varepsilon_r} \int_{r_0}^{\infty} \frac{1}{r^2}\, dr = \frac{Q}{4 \pi \varepsilon_0 \varepsilon_r} \left[-\frac{1}{r} \right]_{r_0}^{\infty} = \frac{Q}{4 \pi \varepsilon_0 \varepsilon_r} \frac{1}{r_0}$$

Laut Angabe $r_0 = 0{,}05\,\text{m}$ und $\varphi(r_0) = 100\,\text{kV}$. Somit folgt mit $\varepsilon_r = 1$ für Luft:

$$Q = \varphi(r_0) \cdot 4 \pi \varepsilon_0 r_0 \mid Q = 10^5\,\text{V} \cdot 4\pi \cdot 8{,}85 \cdot 10^{-12} \frac{As}{Vm} \cdot 0{,}05\,\text{m} \mid \underline{\underline{Q = 5{,}56 \cdot 10^{-7}\,\text{C}}}$$

b)

$$\varphi(r) = \frac{Q}{4 \pi \varepsilon_0 \varepsilon_r} \cdot \frac{1}{r} = \frac{5{,}56 \cdot 10^{-7}\,\text{C}}{4 \pi \varepsilon_0 \varepsilon_r} \cdot \frac{1}{r}$$

Potenzial bei 20 cm: $\varphi_1 = \varphi(r = 0{,}2\,\text{m}) = 2{,}5 \cdot 10^4\,\text{V} = 25\,\text{kV}$
Potenzial bei 22 cm: $\varphi_2 = \varphi(r = 0{,}22\,\text{m}) = 2{,}27 \cdot 10^4\,\text{V} = 22{,}7\,\text{kV}$
Spannung zwischen den beiden Punkten: $U_{12} = \varphi_1 - \varphi_2 = \underline{\underline{2300\,\text{V}}}$

c)

$$E(r = 0{,}05\,\text{m}) = \frac{5{,}56 \cdot 10^{-7}\,\text{C}}{4 \pi \varepsilon_0 \varepsilon_r} \cdot \frac{1}{(0{,}05\,\text{m})^2} = \underline{\underline{2 \cdot 10^6 \frac{V}{m}}}$$

Aufgabe 3.90

Auf der Verbindungsgeraden von zwei positiven Ladungen $Q_1 = 8{,}5\,\text{nC}$ und $Q_2 = 5{,}5\,\text{nC}$ befindet sich im Abstand $d = 10{,}0\,\text{cm}$ von der Ladung Q_1 ein Punkt P, in dem die elektrische Feldstärke null ist. Berechnen Sie den Abstand r der beiden Punktladungen, deren Umgebung Luft ist.

Lösung

Im Punkt P ist die Summe der von den Ladungen Q_1 und Q_2 erzeugten Feldstärken gleich null. Es gilt: $\vec{E}_1 + \vec{E}_2 = 0$ bzw. $\vec{E}_1 = -\vec{E}_2$. Für die Beträge der Feldstärken gilt somit: $E_1 = E_2$.

Für die Feldstärke einer von Luft umgebenen Punktladung gilt $E = \frac{Q}{4\pi\varepsilon_0 r^2}$. Es folgt:

$$\frac{Q_1}{4\pi\varepsilon_0 s^2} = \frac{Q_2}{4\pi\varepsilon_0 (d-s)^2} \mid Q_1 (d-s)^2 = Q_2 s^2 \mid d_{1;2} = s\left(1 \pm \sqrt{\frac{Q_2}{Q_1}}\right)$$

$$d_{1;2} = 10{,}0 \cdot 10^{-2}\,\mathrm{m}\left(1 \pm \sqrt{\frac{5{,}5\,\mathrm{nC}}{8{,}5\,\mathrm{nC}}}\right) \mid \underline{d_1 = 18\,\mathrm{cm}} \mid \underline{d_2 = 2\,\mathrm{cm}}$$

Die Lösung d_2 ist physikalisch sinnlos, da $d > s$ gelten muss.

Aufgabe 3.91

Zwei aufgeladene metallische Hohlkugeln mit den Radien r_1 und r_2 ($r_1 > r_2$, Kugel 1 ist größer als Kugel 2) sind durch einen Draht leitend miteinander verbunden. Welcher Strom fließt durch den Draht? Bestimmen Sie jeweils in Abhängigkeit der Kugelradien das Verhältnis $Q_1 = Q_2$ der Kugelladungen, das Verhältnis $E_1 = E_2$ der elektrischen Feldstärken und das Verhältnis $\sigma_1 = \sigma_2$ der Flächenladungsdichten. Interpretieren Sie die Ergebnisse.

Lösung

Die gesamte Ladung der Kugeln verteilt sich durch die leitende Verbindung auf beide Kugeln. Beide Kugeln befinden sich auf gleichem Potenzial, durch den Draht fließt kein Strom.

Das Potenzial einer Kugel in der Umgebung Luft ist $\varphi = \frac{Q}{4\pi\varepsilon_0}\cdot\frac{1}{r}$.

Bei gleichem Potenzial gilt:

$$\frac{Q_1}{4\pi\varepsilon_0}\cdot\frac{1}{r_1} = \frac{Q_2}{4\pi\varepsilon_0}\cdot\frac{1}{r_2}:$$

Das Verhältnis $Q_1 = Q_2$ der Kugelladungen ist somit $\underline{\frac{Q_1}{Q_2} = \frac{r_1}{r_2}}$.

Die Kugelladungen verhalten sich wie die Kugelradien. Da die Kugeloberfläche $A = 4\pi r^2$ ist, sind die Ladungen nicht proportional zur Kugeloberfläche, sonst müsste $Q \sim r^2$ sein. Die Flächenladungsdichten auf den Kugeln sind also unterschiedlich.

Die elektrische Feldstärke an der Kugeloberfläche ist $E_1 = \frac{Q_1}{4\pi\varepsilon_0 r_1^2}$ bzw. $E_2 = \frac{Q_2}{4\pi\varepsilon_0 r_2^2}$.

Daraus folgt: $\frac{E_1}{E_2} = \frac{Q_1 r_2^2}{Q_2 r_1^2}$. Mit dem Ergebnis für $Q_1 = Q_2$ ist $\underline{\frac{E_1}{E_2} = \frac{r_2}{r_1}}$.

Die Flächenladungsdichten der Kugeln sind

$$\sigma_1 = \frac{Q_1}{A_1} = \underline{\frac{Q_1}{4\pi r_1^2}} \quad\text{und}\quad \sigma_2 = \frac{Q_2}{A_2} = \underline{\frac{Q_2}{4\pi r_2^2}}:$$

$$\frac{\sigma_1}{\sigma_2} = \frac{Q_1 r_2^2}{Q_2 r_1^2} \mid \underline{\frac{\sigma_1}{\sigma_2} = \frac{r_2}{r_1}}$$

Lösung
Beim elektrischen Strömungsfeld gilt: $S = \kappa\, E$ mit κ spezifische Leitfähigkeit.

| Anmerkung Beim elektrostatischen Feld gilt hingegen (betragsmäßig) $D = \varepsilon\, E$.

$$S = 58\,\frac{m}{mm^2} \cdot 80 \cdot 10^{-3}\,\frac{V}{m} = \underline{\underline{4{,}64\,\frac{A}{m}}}$$

$$U = E \cdot l \quad || \quad l = \frac{U}{E} = \frac{1{,}6\,V}{80 \cdot 10^{-3}\,\frac{V}{m}} = \underline{\underline{20{,}0\,m}}$$

.. Inhomogenes elektrisches Feld, Strömungsfeld

Erläuterungen
Existiert in einem leitfähigen Material eine elektrische Feldstärke $\vec{E}$, so liegt ein elektrisches Strömungsfeld vor. Die mikroskopische Schreibweise des ohmschen Gesetzes (auch als ohmsches Gesetz in seiner allgemeinen Form bezeichnet) verknüpft als Materialgleichung die Stromdichte $\vec{S}$ mit der elektrischen Feldstärke $\vec{E}$.

$$\vec{S} = \kappa\, \vec{E} \tag{3.1}$$

$\vec{S} =$ Stromdichte,
$\kappa =$ spezifische elektrische Leitfähigkeit oder spezifischer Leitwert (eine Materialkonstante),
$\vec{E} =$ elektrische Feldstärke.

In einem isotropen Material (einem Material ohne richtungsabhängige Eigenschaften) hat der Stromdichtevektor $\vec{S}$ die gleiche Richtung wie der Feldstärkevektor $\vec{E}$. Die Leitfähigkeit κ bestimmt dann die Stromdichte $\vec{S}$, sie beschreibt vollständig die Materialeigenschaften hinsichtlich des Ladungstransports, der durch die Kraftwirkung des elektrischen Feldes entsteht. Bei Isotropie kann man sich in Rechnungen auf die Beträge der Vektoren $\vec{S}$ und $\vec{E}$ beschränken.
Liegt isotropes Leitermaterial mit homogener Verteilung des elektrischen Feldes vor, so ist der Widerstand R eines Leiterstücks:

$$R = \varrho\, \frac{l}{A} \tag{3.2}$$

$\varrho =$ spezifischer Widerstand des Materials,
$l =$ Länge des Leiterstücks,
$A =$ Querschnittsfläche des Leiterstücks.

Die Größe R fasst den spezifischen elektrischen Widerstand und die Geometrie des Leiters zusammen. Mit Gl. 3.2 kann der Widerstand von Leitern in Abhängigkeit der Materialart und der Geometrie oder für ein Material eine Geometriekomponente aus dem gewünschten Widerstandswert berechnet werden.

Für das homogene elektrische Feld erhalten wir die bekannte Gleichung:

$$U = R \, I \tag{3.3}$$

Dies ist das allgemein bekannte Ohmsche Gesetz in seiner gewohnten Form, in makroskopischer Formulierung. Es beschreibt den Zusammenhang zwischen Spannung und Strom am Bauelement Widerstand. Für das Bauelement Widerstand sind ja die messbaren Größen Spannung (Spannungsabfall) und Strom interessant und nicht die Betrachtungen von Ladungsträgern.

Im allgemeinen Fall muss man zur Widerstandsberechnung in inhomogenen Feldern in die Definition des Widerstandes die Beziehungen für das inhomogene Strömungsfeld einsetzen. Für Spannung und Strom gilt allgemein:

$$U = \int_1^2 \vec{E} \, d\vec{s} \tag{3.4}$$

$$I = \int_A \vec{S} \, d\vec{A} \tag{3.5}$$

Somit ist der ohmsche Widerstand allgemein:

$$R = \frac{U}{I} = \frac{\int_1^2 \vec{E} \, d\vec{s}}{\int_A \vec{S} \, d\vec{A}} \tag{3.6}$$

Gl. 3.6 gilt, falls dass das Wegelement ds senkrecht auf dem Flächenelement dA steht. Damit dieses Integral ausgewertet werden kann, muss der Feldverlauf qualitativ vorliegen, d. h., die Richtung der Feldstärke und der Stromdichte müssen bekannt sein.

Häufig kann die Widerstandsberechnung einer geometrisch komplizierten Anordnung einfacher als mit Gl. 3.6 erfolgen. Dabei wird der Gesamtwiderstand in eine Vielzahl kleiner homogener Teilwiderstände zerlegt, auf die dann Gl. 3.2 angewendet werden kann. Die Teilwiderstände müssen also so klein sein, dass die Strömung in ihrem Inneren als homogen angenommen werden kann. Diese Teilwiderstände werden anschließend durch Reihenschaltung oder Parallelschaltung zum Gesamtwiderstand kombiniert. Der Gesamtwiderstand ergibt sich dann als Integral (Linienintegral) über die Teilwiderstände. Bei diesem Vorgehen wird häufig der Begriff Stromfaden benutzt. Anschaulich versteht man darunter einen dünnen Draht, dessen Querschnitt gegen null geht, der also als eindimensionales Objekt einen linienförmigen Leiter darstellt, längs dem ein Linienstrom fließt. Den Strom in einem Leiter kann man sich aus einer großen Anzahl dünner Stromfäden zusammengesetzt vorstellen. Die Stromdichte $S = I/A$ in einem Leiter wird durch die Dichte von Stromfäden (Stromlinien) dargestellt. Die Ursache für den Strom muss ist

Der Querschnitt des Leiters ndert sih, er entspricht der Mantel che$A$ eines differenziell dnnwandigen Rohres mit dem Radius und der Lnge l:

$$A D 2 \quad r \quad l$$

Der differenzielle Widerstand eines solchen dnnwandigen Rohres ist

$$dR D \quad \frac{dl}{A} D \quad \frac{dr}{2 \quad r \quad l}$$

Die einzelnen dnnwandigen Rohre unterschiedlichen Durchmessers werden sozusagen zum Gesamtrohr ineinander gesteckt. Dies entht einer Reihenschaltung der Einzelwiderstnde, die durch Integration aufsummiert werden:

$$R D \quad \int_{r_i}^{r_a} dR D \quad \frac{1}{2 \quad l} \int_{r_i}^{r_a} \frac{1}{r} dr D \quad \frac{1}{2 \quad l} \quad \ln \frac{r_a}{r_i}$$

. Spule, magnetisches Feld

.. Die Spule

Aufgabe 3.96
Was ist fr eine technische Anwendung die wichtigste Eigenschaft einer Spule?

Lsung
Fr eine technische Anwendung ist die wichtigste Eigenschaft einer Spule, dass sie Gleichspannung durchlsst und Wechselspannung mit grer werdender Frequenz immer strker sperrt (umgekehrtes Verhalten zu einem Kondensator). Die Arbeitsweise des Transformators beruht auf der induktiven Kopplung von Spulen.

Aufgabe 3.97
Was bewirkt in einer Spule ein sich nderndes Magnetfeld, in dem sich die Spule be ndet?

Lsung
In der Spule wird eine Spannung induziert. Je schneller und je strker die ̈nderung des Magnetfeldes ist, umso grer ist die induzierte Spannung.

Aufgabe 3.98
Was sind die Einheiten fr die Kapazitt eines Kondensators und die Induktivitt einer Spule?

Lsung
Die Einheit der Kapazitt ist Farad und der Induktivitt Henry.

$$C \quad D \; F \; D \; \frac{s}{}; \quad L \quad D \; H \; D \quad s$$

Aufgabe 3.99
Welche parasitre Eigenschaft einer Spule muss in der Praxis hu g bercksichtigt werden?

Lsung
Beim Einsatz einer Spule muss hu g deren Wicklungswiderstand bercksichtigt werden. Der ohmsche Widerstand des Spulendrahtes bildet einen Wirkwiderstand, durch den elektrische Energie in Wrme (verbrauchte Wirkleistung, Verlustleistung) umgeformt wird.

Aufgabe 3.100
˜ndert sich der Strom durch eine Spule sprunghaft, wenn sich die an der Spule anliegende Spannung sprungartig ndert?

Lsung
Der Strom durch eine Spule ndert sich nicht sprungartig, da die induzierte Spannung der erregenden Spannung entgegengerichtet ist.

Aufgabe 3.101
Beschreiben Sie den Vorgang der Selbstinduktion, wenn sich der Strom durch eine Spule ndert.

Lsung
˜ndert sich der Strom durch eine Spule, so ndert sich auch der magnetische Fluss durch die Spule. Folglich wird in der Spule eine Spannung induziert. Dieser Vorgang heit Selbstinduktion. Die Induktionsspannung ist immer so gerichtet, dass sie der Stromnderung entgegenwirkt. Wird z. B. der Strom durch eine Spule abgeschaltet (die Flussnderung ist sehr gro), so wird eine hohe Spannung induziert, welche so gerichtet ist, dass der durch die Spannung erzeugte Stromdas Magnetfeld aufrecht erhalten will.

Aufgabe 3.102
Eine Zylinderspule mit N D 300 Windungen und der Lnge l D 60 cm wird von einem Strom I D 30 A durch ossen. Wie gro ist die magnetische Feldstrke H innerhalb der Spule?

Lsung

$$H \quad D \; \frac{I \quad N}{l} \quad D \; \frac{30A \quad 300}{0;6m} \quad D \; 15{:}000\frac{A}{m}$$

Aufgabe 3.103

Eine zylinderförmige Luftspule hat $N = 20$ Windungen, einen Wicklungsradius von $r = 3\,mm$ und eine Wicklungslänge von $l = 10\,mm$. Wie groß ist die Induktivität L der Spule? Auf welchen Wert L_1 ändert sich L, wenn in die Spule ein Kern aus ferromagnetischem Material mit der Permeabilitätszahl $\mu_r = 500$ eingebracht wird?

Lösung

Die Induktivität einer langen Zylinderspule ist $L = \mu_0 \mu_r \frac{A\,N^2}{l}$. Eine Zylinderspule ist lang, wenn die Länge mindestens das 5 bis 10-fache des Durchmessers ist.

Für Luft ist $\mu_r = 1$.

$$L = 4\pi \cdot 10^{-7}\,\frac{Vs}{Am} \cdot \frac{\pi \cdot 3 \cdot 10^{-3}\,m^2 \cdot 20^2}{10 \cdot 10^{-3}\,m} = 1{,}42 \cdot 10^{-6}\,H = 1{,}42\,\mu H$$

Kern mit $\mu_r = 500$: $L_1 = 1{,}42\,\mu H \cdot 500 = 710\,\mu H$

Aufgabe 3.104

Auf einen Spulenkörper aus Kunststoff mit kreisrundem Querschnitt wird eine Wicklung aus rundem, isolierten Kupferdraht mit dem Drahtdurchmesser $d = 0{,}5\,mm$ aufgebracht. Der Durchmesser der Wicklung beträgt $D = 10\,mm$, ihre Länge ist $l = 10\,cm$. Die Anzahl der Windungen ist $N = 480$. Bei der Temperatur $\vartheta = 20\,°C$ ist der spezifische Widerstand von Kupfer $\rho_{Cu;20} = 1{,}78 \cdot 10^{-6}\,\Omega\,cm$.

a) Wie groß ist die Induktivität L der Spule?
b) Wie groß ist der ohmsche Widerstand R_L der Spule bei der Temperatur $\vartheta = 20\,°C$?
c) Geben Sie das elektrische Ersatzschaltbild der Spule an.

Lösung

a)
$$L = \mu_0 \frac{A\,N^2}{l} = \mu_0 \frac{\pi \left(\frac{d}{2}\right)^2 N^2}{l}$$
$$L = 4\pi \cdot 10^{-7}\,\frac{Vs}{Am} \cdot \frac{\pi \cdot 5 \cdot 10^{-3}\,m^2 \cdot 480^2}{0{,}1\,m} = 2{,}27 \cdot 10^{-4}\,H = 227\,\mu H$$

b) Die Drahtlänge ist $l_D = 2\pi \frac{d}{2} N = 2\pi \cdot 5 \cdot 10^{-3}\,m \cdot 480 = 15{,}1\,m$.

$$R_L = \rho_{Cu;20} \frac{l_D}{A} = 1{,}78 \cdot 10^{-6} \cdot 10^4\,\frac{mm^2}{m} \cdot \frac{15{,}1\,m}{\pi \cdot 0{,}25\,mm^2} = 1{,}37\,\Omega$$

c) Das Ersatzschaltbild entspricht dem einer realen Spule, bestehend aus idealer Induktivität und Wicklungswiderstand (Abb. 3.50).

In Worten: Das Umlaufintegral über die magnetische Feldstärke ist gleich dem eingeschlossenen Strom.

Die Größe $\Theta = \oint_A \vec{S}\, d\vec{A}$ (ein Hüllenintegral, vektorielles Oberflächenintegral) wird als Durchflutung bezeichnet.

Der Ausdruck $V = \oint \vec{H}\, d\vec{s}$ ist die magnetische Umlaufspannung.

Die Durchflutung Θ baut das magnetische Feld auf und ist die Ursache für den magnetischen Fluss. Θ wird daher auch magnetische Quellenspannung genannt. Dies erfolgt analog zur elektrischen Quellenspannung, die Ursache für den elektrischen Stromfluss ist.

$$\Phi = \oint_A \vec{B}\, d\vec{A}; \quad \vec{B} = \text{Flussdichte}; \quad \vec{B} = \mu_0\, \mu_r\, \vec{H}$$

$$B = \frac{Vs}{m^2} = T \text{ (Tesla)} \qquad T\, m^2 = V\, s = Wb \text{ (Weber)}$$

Das Umlaufintegral $V = \oint \vec{H}\, d\vec{s}$ (ein Linien-, Kurven-, Wegintegral längs eines geschlossenen Weges) kann in eine Summe einer Teilstrecken zerlegt werden. Die magnetische Spannung der Teilstrecke zwischen den Punkten A und B wird als magnetischer Spannungsabfall bezeichnet: $V_{AB} = \int_A^B \vec{H}\, d\vec{s}$.

Bei einer langen Spule kann die Durchflutung gleich der Summe aller Ströme gesetzt werden, die beim Umlaufintegral längs dem geschlossenen Weg umschlungen werden. Das Umlaufintegral über die magnetische Feldstärke längs einer geschlossenen Kurve ist dann gleich der Summe der Ströme in der geschlossenen Kurve.

$$\oint \vec{H}\, d\vec{s} = \sum I$$

Bei der Spule mit N Windungen umschließt das Feld N vom Strom gleichsinnig durchflossene Leiter. Somit ist $\sum I = I\, N$. Die magnetische Umlaufspannung ist gleich der zu diesem Umlauf gehörenden Durchflutung. Für die lange Zylinderspule folgt für ihren Innenraum mit homogenem Magnetfeld:

$$\Theta = V = I\, N = H\, l:$$

$\Theta =$ Durchflutung, $V =$ magnetische Umlaufspannung, $I =$ Stromstärke, $N =$ Windungszahl, $H =$ magnetische Feldstärke, $l =$ Länge der Spule

Man beachte: $\Theta = V = I\, A =$ Amperewindungen

Die gesamte Durchflutung ergibt sich durch Addition über einen geschlossenen Weg der magnetischen Teilspannungen von Spuleninnenraum und Spulenaußenraum:

$$\oint \vec{H}\, d\vec{s} = \Theta = I\, N = \int_{li} \vec{H_i}\, d\vec{s} + \int_{la} \vec{H_a}\, d\vec{s} = V_i + V_a$$

$\vec{H}_i$ D Feldstrke im Inneren der Spule,
$\vec{H}_a$ D Feldstrke im Auenraum der Spule
li D Integrationsweg im Inneren der Spule,
la D Integrationsweg auerhalb der Spule.

Zur Aufgabe

a) Fr die Feldstrke im Spuleninnenraum gilt H_i D $\frac{B}{0}$.
   Die magnetische Spannung V_g ber dem Spuleninnenraum ist somit:

$$V_i \ D \ H_i \ I \ D \ \frac{B}{0} \ I \ D \ \frac{2;2 \ 10^{3} \frac{Vs}{m^2}}{4 \ 10^{7} \frac{Vs}{Am}} \ 0;4m \ D \ \underline{\underline{700A}} \ (700 \ \text{Amperewindungen})$$

b) Die magnetische Feldstrke auerhalb der Spule ist nicht bekannt. Sie ist ortsabhngig, also nicht homogen, sie nimmt mit zunehmendem Abstand von der Spule ab. Es gilt aber D I N D V_i C V_a und somit V_a D I N V_i.
   Die magnetische Spannung V_g ber dem Spulenauenraum wird aus der Differenz der magnetischen Quellenspannung (D Durchutung) und dem magnetischen Spannungsabfall ber dem Spuleninnenraum berechnet.

$$V_a \ D \ 4;0A \ 200 \ 700A \ D \ \underline{100A} \ (100 \ \text{Amperewindungen})$$

c)

$$D \ B \ A \ D \ 2;2 \ 10^{3} \frac{Vs}{m^2} .0;03m^2 \quad D \ \underline{\underline{6;2 \ 10^{6} Vs}}$$

Aufgabe 3.107
Leiten Sie die Formel fr die in einer Spule gespeicherte Energie W_L D $\frac{1}{2}LI^2$ her.

Lsung

$$W_L \ D \ \int_0^{Z_t} U_L.t/ \ I.t/ dt \ I \quad \text{Bauteilgleichung der Spule} \ U_L.t/ \ D \ L \frac{dI.t/}{dt}$$

$$W_L \ D \ L \int_0^{Z_t} I.t/ \ \frac{dI.t/}{dt} \ dt \ D \ L \int_0^{Z_I} I^0.t/ \ dI^0 \quad W_L \ D \ \underline{\underline{\frac{1}{2}LI^2}} \ \text{fr} \ I \ D \ const$$

Die Energie wird im magnetischen Feld gespeichert.

Aufgabe 3.108
Geben Sie Beispiele fr den Verwendungszweck von Spulen im Gleichstromkreis und im Wechselstromkreis an.

Lsung
Gleichstromkreis: Elektromagnet, Relais.
Wechselstromkreis: Transformator, Trennung von Signalen mit unterschiedlicher Frequenz, Schwingkreis.

Aufgabe 3.109
Eine lange, zylinderfrmige Luftspule miN D 1510Windungen eines isolierten Metalldrahtes, einer Lnge vonl D 15cm und einem Windungsdurchmessed D 1;0cm ist an eine Gleichspannungsquelle angeschlossen. In der Spule soll eine Flussdichte (magnetische Induktion) vonB D 0;2T erreicht werden.

a) Wie gro ist die Induktivitt L der Spule?
b) Wie gro muss der Strom durch die Spule sein?
c) Wie gro muss der Drahtdurchmesser sein, damit eine Stromdichte von S D 4;0A=mm² nicht berschritten wird?
d) Wie gro ist die in der Spule gespeicherte Energie W?

Lsung
a)
$$L = \mu_0 \frac{A}{l} N^2 = 4\pi \cdot 10^{-7} \frac{Vs}{Am} \cdot \frac{5 \cdot 10^{-3} m^2}{0;15m} \cdot 1510^2 = 1;5mH$$

b)
$$H = \frac{I \cdot N}{l}; \quad B = \mu_0 H; \quad I = \frac{B \cdot l}{\mu_0 \cdot N}; \quad I = \frac{0;2\frac{Vs}{m^2} \cdot 0;15m}{4\pi \cdot 10^{-7} \frac{Vs}{Am} \cdot 1510} = 15;8A$$

c)
$$S = \frac{I}{A} = \frac{I}{\left(\frac{d}{2}\right)^2 \pi}; \quad d = 2 \sqrt{\frac{I}{S \pi}}; \quad d = 2 \sqrt{\frac{15;8A}{4;0\frac{A}{mm^2} \pi}} = 2;24mm$$

d)
$$W_L = \frac{1}{2} L I^2 = 0;5 \cdot 1;5 \cdot 10^{-3} H \cdot (15;8A)^2 = 0;19J$$

Aufgabe 3.110
Der in Abb. 3.51 gezeigte ringfrmige Krper aus ferromagnetischem Material mit der Permeabilittszahl μ_r D 500besitzt einen kreisrunden Querschnitt mit dem Radius r 6mm. Der mittlere Radius des Ringes betrgt R D 32mm. Der Ring ist ber den gesamten Umfang gleichmig mit einem Kupferlackdraht umwickelt. Somit liegt eine in sich geschlossene, ringfrmige Spule vor, welche vom Material des Ringes ganz ausgeflit ist. Die Anzahl der Drahtwindungen betrgtN D 1000 In der Spule iet der Strom I D 1;0A.

e)

$$W_L = \frac{1}{2}\,L\,I^2 = \frac{1}{2} \cdot 0{,}35\,H \cdot 1{,}0\,A^2 = \underline{\underline{0{,}175\,J}}\ (\text{oder Ws})$$

f)

$$U_i = L\,\frac{dI \cdot t/}{dt} = L\,\frac{I}{t} = 0{,}35\,H \cdot \frac{2{,}0\,A}{10^{-2}\,s} = \underline{\underline{70\,V}}$$

Aufgabe 3.111

Durch eine Ringspule (siehe Abb. 3.51) mit $N = 850$ Windungen ist der Strom $I = 0{,}9\,A$. Der mittlere Durchmesser beträgt $d_1 = 2R_1 = 135\,mm$.

a) Wie groß sind Durchflutung und magnetische Feldstärke H im homogenen Feld innerhalb der Spule?
b) Wie groß ist die magnetische Feldstärke H, wenn der Durchmesser bei gleicher Durchflutung $d_2 = 2R_2 = 270\,mm$ beträgt?
c) Wie groß sind magnetische Feldstärke H und Flussdichte B, wenn der Durchmesser $d_3 = 2R_3 = 12\,mm$ beträgt und das Kernmaterial die Permeabilitätszahl $\mu_r = 300$ besitzt?

Lösung
a)

$$\Theta = I \cdot N = 0{,}9\,A \cdot 850 = \underline{765\,A}$$

$$H = \frac{\Theta}{l} = \frac{I \cdot N}{l} = \frac{765\,A}{2\pi R_1} = \frac{765\,A}{2\pi \cdot \frac{135 \cdot 10^{-3}\,m}{2}} = \underline{\underline{1803{,}8\,\frac{A}{m}}}$$

b)

$$H = \frac{\Theta}{2\pi R_2} = \frac{765\,A}{2\pi \cdot \frac{270 \cdot 10^{-3}\,m}{2}} = \underline{\underline{901{,}9\,\frac{A}{m}}}$$

c)

$$H = \frac{\Theta}{2\pi R_3} = \frac{765\,A}{2\pi \cdot \frac{12 \cdot 10^{-3}\,m}{2}} = \underline{\underline{20{,}3\,\frac{kA}{m}}}$$

$$B = \mu_0\,\mu_r\,H = 4\pi \cdot 10^{-7}\,\frac{Vs}{Am} \cdot 300 \cdot 20{,}3 \cdot 10^3\,\frac{A}{m} = \underline{\underline{7{,}7\,\frac{Vs}{m^2}}}\ (\text{Tesla})$$

Magnetischer Kreis

Aufgabe 3.112

Betrachtet werden Magnetische Kreise.

a) Definieren Sie den Begriff Magnetischer Kreis.
b) Wie können magnetische Kreise nach ihrem Aufbau eingeteilt werden?

c) Geben Sie die Voraussetzungen, an die vorliegen mssen, damit ein magnetischer Kreis in Analogie zu einem Gleichstromkreis berechnet werden kann.

d) Leiten Sie die formalen Analogien zwischen einem elektrischen Gleichstromkreis und einem magnetischen Kreis her. Stellen Sie jeweils die De nitionen und Gren zur Berechnung und die Ersatzschaltbilder gegenber.

e) Erlutern Sie allgemein die Vorgehensweise bei der Berechnung magnetischer Kreise.

f) Erweitern Sie die Berechnung auf nichtlineare magnetische Kreise.

Lsung

a) Magnetfeldlinien sind in sich geschlossen, sie bilden ein Wirbelfeld ohne Anfang und Ende. Analog zum geschlossen Stromkreis beim Leitungsstrom wird der Verlauf magnetischer Feldlinien als magnetischer Kreis bezeichnet. Ein magnetischer Kreis ist eine Anordnung, die den magnetischen Fluss entlang seiner ferromagnetischen Teile auf vorgeschriebene, in sich geschlossene Wege lenkt. Ein magnetischer Kreis dient zur kontrollierten Fhrung magnetischer Feldlinien (in elektrischen Maschinen).

b) Magnetische Kreise knnen unverzweigt oder verzweigt sein. Beim unverzweigten magnetischen Kreis gibt es nur einen in sich geschlossenen Weg, entlang dem die Magnetfeldlinien verlaufen. Der magnetische Fluss teilt sich dann nicht auf. Ein Beispiel hierfr ist eine Ringspule nach Abb. 3.51. Beim verzweigten magnetischen Kreis gib es mehrere Pfade fr den Verlauf der magnetischen Feldlinien. Der magnetische Fluss teilt sich in Flussanteile auf, hnlich der Aufteilung des Leitungsstromes (nach dem Knotensatz) in einem verzweigten Stromkreis. Ein Beispiel ist ein verzweigter Eisenkreis mit einer oder mehreren stromdurch ossenen Wicklungen, wie der Transformatorkern mit drei Schenkeln beim Drehstromtransformator.

c) Ein magnetischer Kreis kann aus verschieder Materialabschnitten bestehen, meistens Luft (in Form von einem oder mehreren Luftspalten) und Eisen. Die Abschnitte knnen verschiedene Lngen und Querschnitts chen aufweisen. Der magnetische Fluss wird durch ein hochpermeables Material (hu g Dynamoblech) weitgehend gebndelt, so dass die magnetische Flussdicht innerhalb des Kreises mglichst gro wird und der von Streufeldern verursachte, auerhalb des Kreises verlaufende Fluss, vernachlssigt werden kann. Da die Lnge des magnetischen Kreises meist gro genber dem Eisenquerschnitt ist, liegt da im Eisen annhernd ein homogenes Magnetfeld vor. Luftspalte sind fr die Funktion von elektrischen Maschinen mit rotierenden Eisenteilen (z. B. Elektromotoren) notwendig. Die Weite des Luftspalts ist meist deutlich kleiner als seine Querabmessungen, d. h., die Luftspaltlnge ist sehr viel kleiner als die Luftspaltbreite, die Feldverzerrungen am Rande des Luftspalts sind vernachlssigbar. Das Feld im Luftspalt kann dann ebenfalls als homogen und als genauso gro wie im Eisen betrachtet werden, der magnetische Fluss ist im Luftspalt derselbe wie im Eisen. Der magnetische Kreis muss auerdem als linear betrachtet werden knnen. Dies bedeutet, die Permeabilitt $\mu_0 \mu_r$ kann abschnittsweise als konstant angenommen werden. Die genann Voraussetzungen fr die Homogenitt des Magnetfeldes und die Linearitt des Kreises mssen erfllt sein, damit ein magnetischer Kreis in Analogie zu einem Gleichstromkreis berechnet werden kann. Alle von der Berechnung von Gleichstromkreisen bekannten Verfahren wie Strom- und Spannungsteilerregel, Ersatzwiderstnde von Reihen- und Parallelschaltung, Knoten- und Maschensatz knnen verwendet werden.

d) Ursache des magnetischen Feldes einer Gleichstrom durch ossenen Spule ist die Summenwirkung des Stroms in allen Windungen, sie ergibt die magnetische Durchutung .

$$\Theta = N I = H l$$

Θ Durch utung in A (Amperewindungen), N D Windungszahl, I D Stromstrke in A (Ampere), H D magnetische Feldstrke in A m, l D mittlere Feldlinienlnge in m (Meter).

Der magnetische Fluss eines homogenen Magnetfeldes ist:

$$\Phi = B A = \mu_0 \mu_r H A :$$

Φ magnetischer Fluss in Wb (Weber oder V s), B D Flussdichte in T (Tesla oder V s/m²), A D konstante, vom Magnetfeld in Richtung der Flchennormalen durchsetzte Querschnitts che in m²,

$$\mu_0 = 4 \pi \cdot 10^{-7} \frac{V s}{A m} \quad \mu_r \; D \text{ magnetische Feldkonstante, } \mu_r \; D \text{ Permeabilittszahl.}$$

Mit $H = \dfrac{\Theta}{\mu_0 \mu_r A}$ folgt fr die Durch utung

$$\Theta = \underbrace{\frac{1}{\mu_0 \mu_r \frac{A}{l}}}_{R_m} \Phi = R_m \Phi :$$

Formal besteht eine hnlichkeit zum ohmschen Gesetz fr den Widerstand eines Drahtes:

$$U = R I \quad \text{mit} \quad R = \rho \frac{l}{A} :$$

U D Spannung in V (Volt), R D ohmscher Widerstand in (Ohm), ρ D spezi scher ohmscher Widerstand in m (Ohm mal Meter), l D Drahtlnge in m (Meter), A D (abschnittsweise) konstante Querschnitts che des Drahtes in m²
Aus der Analogiebetrachtung erhlt man das ohmsche Gesetz des magnetischen Kreises (Hopkinsonsches Gesetz[1]):

$$\Theta = R_m \Phi :$$

Die Gre R_m mit der Einheit $\frac{A}{V s} = \frac{A}{Wb} = \frac{1}{\Omega s} = \frac{1}{H}$ wird als magnetischer Widerstand bezeichnet.

---

[1] John Hopkinson, britischer Physik und Elektroingenieur (18491898).

Man kann folgenden linearen Zusammenhang zwischen B und H_{Eisen} herleiten:

$$H_{Eisen} \cdot \frac{l_{Eisen}}{\ } + B \cdot \frac{l_{Luft}}{\mu_0} = \Theta$$

Die Geradengleichung lautet:

$$B(H_{Eisen}) = -\mu_0 \frac{l_{Eisen}}{l_{Luft}} \, H_{Eisen} + \mu_0 \frac{\Theta}{l_{Luft}}$$

In dieser Gleichung sind die beiden Unbekannten H_{Eisen} und $B = B_{Eisen} = B_{Luft}$ enthalten.

Für $B = 0$ folgt der Abschnitt auf der H-Achse: $H_0 = \frac{\Theta}{l_{Eisen}}$.

Für $H = 0$ folgt der Abschnitt auf der B-Achse: $B_0 = \frac{\mu_0 \Theta}{l_{Luft}}$.

Die beiden Achsenabschnitte legen im $B(H)$-Diagramm (Magnetisierungskennlinie des Eisens ohne Luftspalt) die so genannte Scherungsgerade oder Luftspaltgerade fest, die in das Diagramm eingetragen wird. Der Schnittpunkt der Geraden mit der Magnetisierungskurve ergibt den Arbeitspunkt AP, der sich für einen bestimmten Strom I und der daraus folgenden Durchflutung $\Theta = I \cdot N$ einstellt.

Im Arbeitspunkt kann auf der Abszisse der Wert $H_{EisenAP}$ und auf der Ordinate der Wert $B_{EisenAP}$ abgelesen werden.

Für die Werte im Luftspalt gilt im Arbeitspunkt: $B_{Luft;AP} = B_{EisenAP}$ und $H_{Luft;AP} = \frac{B_{Luft;AP}}{\mu_0}$.

Aus der Magnetisierungskennlinie des Eisens ohne Luftspalt kann mit der Scherungsgeraden die gescherte Magnetisierungskennlinie des Eisens mit Luftspalt konstruiert werden (Abb. 3.54). Dazu muss die Luftspaltgerade gespiegelt und als durch die Punkte $(0 \mid 0)$ und $(H_0 \mid B_0)$ verlaufende Widerstandsgerade eingezeichnet werden. Anschließend müssen die Feldstärken dieser Geraden und der Magnetisierungskennlinie in horizontaler Richtung punktweise addiert werden, um die Punkte der neuen, gescherten Magnetisierungskennlinie zu erhalten.

▍ Anmerkung Legt man an eine Induktivität mit Eisenkern eine Wechselspannung (z. B. die Netzspannung an einen Transformator), so wird durch die sinusförmige eingeprägte Spannung ein sinusförmiger magnetischer Fluss erzwungen. Durch die nichtlineare Magnetisierungskennlinie ist die Abhängigkeit des Stromes von der Spannung ebenfalls nichtlinear, der Magnetisierungsstrom weicht von der Sinusform ab, er ist verzerrt. Die Funktion $i(t)$ enthält ungerade harmonische Frequenzen, welche die Verluste im Eisen erhöhen. Eine Sättigung des Eisens sollte deshalb vermieden werden.

Aufgabe 3.113

Ein Eisenkern aus Elektroblech hat einen Luftspalt der Länge $d_L = 3\,\text{mm}$. Die mittlere Feldlinienlänge im Blech beträgt $l_B = 70\,\text{cm}$. Bei einem Strom von $I = 4{,}0\,\text{A}$ durch eine

Lsung

a) $\Theta = I \cdot N = 0{;}1\,A \cdot 100 = \underline{10\,A}$ (Amperewindungen)

$$R_{m;E1} = R_{m;ges} = \frac{l_{E1}}{\mu_0 \cdot \mu_r \cdot A} = \frac{2 \cdot r}{\mu_0 \cdot \mu_r \cdot A} = \frac{2 \cdot 35 \cdot 10^{-3}\,m}{4\pi \cdot 10^{-7}\,\frac{Vs}{Am} \cdot 500 \cdot 1{;}2 \cdot 10^{-4}\,m^2}$$

$$= \underline{\underline{2{;}92 \cdot 10^{6}\,\frac{A}{Vs}}}$$

$$\Phi_{E1} = \frac{\Theta}{R_{m;E1}} = \frac{10\,A}{2{;}917 \cdot 10^{6}\,\frac{A}{Vs}} = \underline{\underline{3{;}43 \cdot 10^{-6}\,Vs}}$$

$$B_{E1} = \frac{\Phi_{E1}}{A} = \frac{3{;}43 \cdot 10^{-6}\,Vs}{1{;}2 \cdot 10^{-4}\,m^2} = \underline{\underline{2{;}86 \cdot 10^{-2}\,\frac{Vs}{m^2}}}$$

b) $\Theta = I \cdot N = 0{;}1\,A \cdot 100 = \underline{10\,A}$ (Amperewindungen)

Die Durch utung bleibt natrlich unverndert. I und N sind ja unverndert.
Magnetischer Widerstand Eisen:

$$R_{m;E2} = \frac{l_{E2}}{\mu_0 \cdot \mu_r \cdot A} = \frac{2 \cdot r - l_L}{\mu_0 \cdot \mu_r \cdot A} = \frac{2 \cdot 35 \cdot 10^{-3}\,m - 0{;}5 \cdot 10^{-3}\,m}{4\pi \cdot 10^{-7}\,\frac{Vs}{Am} \cdot 500 \cdot 1{;}2 \cdot 10^{-4}\,m^2}$$

$$= \underline{\underline{2{;}91 \cdot 10^{6}\,\frac{A}{Vs}}}$$

Magnetischer Widerstand Luft:

$$R_{m;L} = \frac{l_L}{\mu_0 \cdot A} = \frac{0{;}5 \cdot 10^{-3}\,m}{4\pi \cdot 10^{-7}\,\frac{Vs}{Am} \cdot 1{;}2 \cdot 10^{-4}\,m^2} = \underline{\underline{3{;}32 \cdot 10^{6}\,\frac{A}{Vs}}}$$

Magnetischer Gesamtwiderstand:

$$R_{m;ges} = R_{m;E2} + R_{m;L} = 2{;}91 \cdot 10^{6}\,\frac{A}{Vs} + 3{;}32 \cdot 10^{6}\,\frac{A}{Vs} = \underline{\underline{6{;}23 \cdot 10^{6}\,\frac{A}{Vs}}}$$

Der Luftspalt vergrert den magnetischen Gesamtwiderstand.

$$\Phi_{E2} = \frac{\Theta}{R_{m;ges}} = \frac{10\,A}{6{;}23 \cdot 10^{6}\,\frac{A}{Vs}} = \underline{\underline{1{;}61 \cdot 10^{-6}\,Vs}}$$

Der magnetische Fluss ist mit Luftspalt kleiner.

$$B_{E2} = \frac{\Phi_{E2}}{A} = \frac{1{;}61 \cdot 10^{-6}\,Vs}{1{;}2 \cdot 10^{-4}\,m^2} = \underline{\underline{1{;}34 \cdot 10^{-2}\,\frac{Vs}{m^2}}}$$

Die magnetische Flussdichte ist mit Luftspalt kleiner.

Eisen ist $l_E = 20{,}0$ cm. Durch die Erregerwicklung mit $N = 50$ Windungen ist ein Gleichstrom $I = 2{,}0$ A.

a) Berechnen Sie den magnetischen Widerstand $R_{m;Fe}$ in Eisen und $R_{m;L}$ in Luft.
b) Berechnen Sie den magnetischen Fluss
c) Wie groß sind die Flussdichte B_{Fe} und die Feldstärke H_{Fe} im Eisen? Wie groß sind die Flussdichte B_L und die Feldstärke H_L im Luftspalt?
d) Wie groß ist die Induktivität L der Spule?

Lösung
a)

$$R_{m;Fe} = \frac{l_E}{\mu_0 \mu_r A} = \frac{0{,}2\,m}{4\pi \cdot 10^{-7}\,\frac{Vs}{Am} \cdot 4000 \cdot 4 \cdot 10^{-4}\,m^2} = \underline{99{,}471\,\frac{A}{Vs}}$$

$$R_{m;L} = \frac{l_L}{\mu_0 A} = \frac{0{,}5 \cdot 10^{-3}\,m}{4\pi \cdot 10^{-7}\,\frac{Vs}{Am} \cdot 4 \cdot 10^{-4}\,m^2} = \underline{994{,}718\,\frac{A}{Vs}}$$

b) Durch Flutungsgesetz: $\Theta = \Phi \cdot R_m$.

$$I \cdot N = \Phi \cdot (R_{m;Fe} + R_{m;L}) \quad \Rightarrow \quad \Phi = \frac{I \cdot N}{R_{m;Fe} + R_{m;L}}$$

$$\Phi = \frac{2{,}0\,A \cdot 50}{99{,}471\,\frac{A}{Vs} + 994{,}718\,\frac{A}{Vs}} = \underline{9{,}1 \cdot 10^{-5}\,Vs}$$

c) Die Flussdichte ist im Eisen genauso groß wie im Luftspalt.

$$B_{Fe} = B_L = B = \frac{\Phi}{A} = \frac{9{,}1 \cdot 10^{-5}\,Vs}{4 \cdot 10^{-4}\,m^2} = \underline{0{,}228\,T}$$

$$H_{Fe} = \frac{B}{\mu_0 \mu_r} = \frac{0{,}228\,\frac{Vs}{m^2}}{4\pi \cdot 10^{-7}\,\frac{Vs}{Am} \cdot 4000} = \underline{45{,}4\,\frac{A}{m}}$$

$$H_L = \frac{B}{\mu_0} = \frac{0{,}228\,\frac{Vs}{m^2}}{4\pi \cdot 10^{-7}\,\frac{Vs}{Am}} = \underline{1{,}82 \cdot 10^{5}\,\frac{A}{m}}$$

d)

$$L = \frac{N \cdot \Phi}{I} = \frac{50 \cdot 9{,}1 \cdot 10^{-5}\,Vs}{2{,}0\,A} = \underline{2{,}28\,mH}$$

Aufgabe 3.120
Der in Abb. 3.61 gezeigte Eisenkern mit der relativen Permeabilität $\mu_r = 500$ hat einen mittleren Umfang (mittlere Feldlinienlänge im Eisen) von $l_E = 50$ cm, einen Querschnitt von $A = 1\,cm^2$ und besitzt eine Spule mit $N = 100$ Windungen. Der Luftspalt ist $l_L = 1$ mm. Der Strom durch die Spule ist $I = 4{,}0$ A.

a)

$$\Phi D N \quad O !) \quad \Phi D N \quad \mathcal{B} A !! \quad U_{max} D \frac{N \mathcal{B} A !}{\frac{p}{2}} ! \quad U_{max} D \; 319;9V$$

b)

$$H \; I D I O N D \frac{\mathcal{B}}{_0 \quad _r} \quad II \quad I D \; p \frac{\mathcal{B} I}{\frac{p}{2} \; _0 \quad _r \; N}$$

$$I D \; p \frac{0;6 \frac{Vs}{m^2} \; 0;35m}{\frac{p}{2} \; 4 \quad 10^{-7} \frac{Vs}{Am} \; 3000 \; 1000} ! \quad I D \; 39;4mA$$

.. Leiteranordnungen

Aufgabe 3.123

Ein langer gerader Leiter in Luft wird von einem Strom D 100A durch ossen. Wie gro sind die magnetische Feldstrke H und die Flussdichte B im Abstand $r D$ 5 mm von der Mittelachse des Leiters?

Lsung

$$H . r / D \frac{I}{2 \quad r} \quad \text{(ohne Herleitung, z. B. aus einer Formelsammlung)}$$

I D Strom durch den Leiter, D Abstand von Mittelachse des langen, gestreckten Leiters

$$H D \frac{100A}{2 \quad 5 \; 10^{-3}m} D \; 3;2 \; 10^3 \frac{A}{m}$$

$$B D \; _0 H D 4 \quad 10^{-7} \frac{Vs}{Am} \; 3;2 \; 10^3 \frac{A}{m} D \; 4;0 \; 10^{-3} \frac{Vs}{m^2} \text{ (Tesla)}$$

Aufgabe 3.124

Der Achsabstand von zwei parallelen Leitern in Luft betrgt D 25 cm. Es handelt sich um einen Hin- und einen Rckleiter, die Leiter sind also gegensinnig von Strom durch- ossen. In jedem Leiter ieen 100 A. Berechnen Sie die magnetischen Feldstrken H_{10} im Abstand von 10 cm und H_{20} im Abstand von 20 cm vom linken Leiter (Abb. 3.64). Wie gro ist die Feldstrke H_M in der Mitte zwischen den beiden Leitern? Wirkt die Kraft zwischen beiden Leitern anziehend oder abstod? Leiten Sie eine Formel fr den Betrag der Kraft her, welche die Leiter gegenseitig pro Lnge ausben.

Die induzierte Spannung ist (ohne Vorzeichen betrachtet):

$$U_i = \frac{d\Phi(t)}{dt} = B\,\frac{dA(t)}{dt} = B\,l\,v:$$

$$U_i = 0{,}8\,\frac{Vs}{m^2}\cdot 0{,}2\,m \cdot 10\,\frac{m}{s} = 1{,}6\,V$$

c)

$$I = \frac{U_i}{R} = \frac{1{,}6\,V}{2{,}0} = 0{,}8\,A$$

d) Entsprechend der Energieerhaltung: Mechanische Leistung = Elektrische Leistung.

$$F\cdot v = I^2\,R) \quad F = \frac{I^2\,R}{v} = \frac{\left(\frac{B\,l\,v}{R}\right)^2 R}{v} = \frac{B^2\,l^2\,v}{R}$$

$$F = \frac{\left(0{,}8\,\frac{Vs}{m^2}\right)^2\cdot(0{,}2\,m)^2\cdot 10\,\frac{m}{s}}{2{,}0} = 0{,}128\,\frac{V^2\,s}{m}$$

$$\frac{V^2\,s}{m} = \frac{V^2\,s}{m\,\frac{V}{A}} = \frac{V\,A\,s}{m} = \frac{kg\,m}{s^2} = N\mathbin{!}\quad F = 0{,}128\,N$$

Alternativer Ansatz
Die Kraft entspricht der Kraft auf einen stromdurchflossenen Leiter im Magnetfeld:
$F = B\,l\,I$.

$$F = 0{,}8\,\frac{Vs}{m^2}\cdot 0{,}2\,m\cdot 0{,}8\,A = 0{,}128\,\frac{V\,A\,s}{m} = 0{,}128\,N$$

e) $P_M = F\cdot v = 0{,}128\,N\cdot 10\,\frac{m}{s} = 1{,}28\,W$

f) $P_E = I^2\,R = (0{,}8\,A)^2\cdot 2 = 1{,}28\,W$
   Da die Reibung vernachlssigt wird, wird die mechanisch zugefhrte Leistung im Widerstand R vollstndig in Wrme umgewandelt.

g) Die Polaritt der induzierten Spannung ist umgekehrt, der Strom hat somit umgekehrte Flussrichtung.

Aufgabe 3.128
Die Wicklung eines Gleichstrommotors hat einen ohmschen Widerstand $R = 1{,}5\,\Omega$. Ist der Motor bei einer Spannung $U_0 = 40\,V$ mit voller Drehzahl in Betrieb, so iet durch seine Wicklung der Strom $I_0 = 2{,}0\,A$.

a) Wie gro ist die durch die Rotation im Magnetfeld in der Wicklung induzierte Spannung U_i bei voller Drehzahl?
b) Wie gro ist der Strom I_0 durch die Wicklung, wenn sich diese noch nicht dreht?

A D Flche der Spule,A D m^2

D Winkel zwischen der Flchennormalen der Spule und den Feldlinien

Wird der waagrechten Lage der Spule zwischen zwei Polen eines Permanentmagneten der Zeitpunktt D 0 zugeordnet, so bildet die Spule zu einem beliebigen Zeitpunkt mit der Waagrechten den WinkelD !t . Das Induktionsgesetz lautet:

$$u_i.t/ \ D \ \frac{d \ .t/}{dt} :$$

In der rotierenden Spule wird folgende Spannung induziert:

$$u_i.t/ \ D \ \frac{d \ .t/}{dt} \ D \ \frac{d \ N \ B \ A \ \cos!t/}{dt} \ D \ N \ B \ A \ ! \ \sin.!t/ :$$

Die KonstanteN B A ! wird zum Scheitelwert$\hat{U}$ der Sinusspannung zusammengefasst. Die durch Induktion erzeugte sinusfrmige Wechselspannung istD $\hat{U}$ sin.!t/ .

b)

$$\hat{U} D N \ B \ A \ !) \ ! \ D \ \frac{\hat{U}}{N \ B \ A} \ D \ \frac{110 \ ^P \overline{2} V}{1000 \ 2;0 \frac{Vs}{m^2} \ 2 \ 10^{4} m^2} \ D \ 388;9 \frac{1}{s}$$

$$n \ D \ \frac{!}{2} \ D \ \frac{388;9}{2} \frac{1}{s} \ D \ 61;9 \frac{1}{s} \ D \ 3714 \frac{1}{min}$$

Aufgabe 3.130

Eine einlagige, zylinderfrmige Luftspule haN D 500 Windungen, einen Wicklungsdurchmesser voñ D 12cm und eine Wicklungslnge vorl D 70cm. Der durch die Spule ieende Strom steigt in der Zeit D 4s vonI$_1$ D 1;0A auf I$_2$ D 12;0A linear an.

a) Wie gro ist die Induktivitt L der Spule?
b) Wie gro ist die in der Spule erzeugte Selbstinduktionsspannung

Lsung

a)

$$L \ D \ _0 \ \frac{A \ N^2}{l} \ D \ 4 \ 10^{7} \frac{Vs}{Am} \ \frac{.0;06m/^2 \ 500^2}{0;7m} \ D \ 5 \ 10^{3} H \ D \ \underline{\underline{5mH}}$$

b)

$$U_i \ D \ L \ \frac{dI.t/}{dt} \ D \ L \ \frac{I}{t} \ D \ 5 \ 10^{3} \frac{Vs}{A} \ \frac{12;0A \ 1;0A}{4s} \ D \ \underline{\underline{13;75mV}}$$

Aufgabe 3.131

Durch eine Spule mit der Induktivität $L = 5{,}8H$ iet ein Strom $I = 92{,}3mA$. Beim Ausschalten des Stromes nimmt der Strom uss linear ab. Dabei soll die Selbstinduktionsspannung hchstens $U_{i;max} = 500V$ betragen. Wie gro muss die Dauer t des Ausschaltvorgangs mindestens sein?

Lsung

Der magnetische Fluss durch die Spule is $\Phi = L \cdot I = 5{,}8H \cdot 0{,}0923A = 0{,}535V \cdot s$.

$$U_i = \frac{\Phi}{t} \Rightarrow t = \frac{\Phi}{U_i} = \frac{0{,}535Vs}{500V} = \underline{\underline{1{,}07ms}}$$

Gleichspannungsquellen

Zusammenfassung

Es werden Grundbegriffe bei Spannungsquellen wie Quellenspannung, Leerlaufspannung, Klemmenspannung und Kurzschlussstrom verwendet. Der Unterschied zwischen idealer und realer Spannungsquelle fhrt zu dem Begriff des Innenwiderstandes. Die Kennlinie der belasteten realen Gleichspannungsquelle wird vorgestellt. Als Mglichkeit zur Berechnung elektrischer Netzwerke werden Ersatzspannungsquelle und Ersatzstromquelle eingefhrt und damit zahlreiche Schaltungen berechnet. Der Begriff des Kurzschlussstromes ebenso wie Spannungs-, Strom- und Leistungsanpassung erlutern diese Betriebsflle.

Grundwissen kurz und bndig

Gleichspannungsquellen werden als Hilfsenergie zur Stromversorgung elektronischer Schaltungen bentigt.

Netzunabhngige Gleichspannungsquellen kann man in Primrelemente (Batterien) und Sekundrelemente (Akkumulatoren) einteilen.

Batterien sind fr den einmaligen Gebrauch bis zur Entladung bestimmt und knnen nicht aufgeladen werden.

Ein Akkumulator kann nach seiner Entladung wieder aufgeladen werden. Zu beachten ist die Betriebsanweisung fr das Laden.

Die Kapazitt einer Batterie oder eines Akkumulators wird in Amperestunden (Ah) angegeben.

Netzgerte (Netzteile) sind vom Stromversorgungsnetz abhngige Gleichspannungsquellen.

Fr eine strungsfreie Versorgung einer elektronischen Schaltung mit Gleichspannung sind bestimmte Regeln zu beachten.

' Springer Fachmedien Wiesbaden GmbH 2017
L. Stiny, Aufgabensammlung zur Elektrotechnik und Elektronik
DOI 10.1007/978-3-658-14381-7_4

Eine reale Spannungsquelle kann durch eine Ersatzspannungsquelle (mit Innenwiderstand) dargestellt werden.

Die Klemmenspannung einer Spannungsquelle bricht umso stärker zusammen, je größer ihr Innenwiderstand und je größer der Laststrom ist.

Man unterscheidet zwischen Spannungs-, Strom- und Leistungsanpassung.

Eine Konstantstromquelle liefert einen vom Lastwiderstand unabhängigen Strom.

Wichtige Formeln: $U_L = U_0 - R_i \cdot I_L$; $P_{Lmax} = \frac{U_0^2}{4 R_i}$; $I_K = \frac{U_0}{R_i}$.

Die belastete Gleichspannungsquelle

Aufgabe 4.1

Was versteht man unter einer Leerlaufspannung?

Lösung

Leerlauf bedeutet, dass an die Anschlussklemmen einer Quelle kein Widerstand (kein Verbraucher) angeschlossen ist. Der Lastwiderstand ist unendlich groß, $R = \infty$. Zwischen den Klemmen der Quelle ließt kein Strom. Die Klemmenspannung entspricht in diesem Fall der Leerlaufspannung.

Aufgabe 4.2

Eine Autobatterie hat ohne Belastung eine Klemmenspannung von $U_0 = 12 V$. Unter Belastung von $I_1 = 10 A$ sinkt die Klemmenspannung auf $U_1 = 11 V$. Wie groß ist der Innenwiderstand R_i der Batterie?

Lösung

Allgemein ist:

$$R_i = \frac{U}{I} = \frac{U_0 - U_L}{I_L}$$

mit $U_0 =$ Leerlaufspannung, $U_L =$ Lastspannung, $I_L =$ Laststrom, $I_0 = 0$ (Strom ohne Last)

$$R_i = \frac{U_0 - U_1}{I_1 - I_0} = \frac{12 V - 11 V}{10 A - 0 A} = \underline{\underline{0{,}1 \,\Omega}}$$

Aufgabe 4.3

Die Spannungsquelle in Abb. 4.1 hat eine Leerlaufspannung $U_L = 12 V$.

a) Wie groß ist die Quellenspannung U_0?

b) An diese Spannungsquelle wird ein Widerstand $R = 5 \,\Omega$ angeschlossen, dabei ließt ein Strom $I = 2 A$. Wie groß ist R_i?

Dies entspricht einem Wirkungsgrad von $\eta = 95\%$. Die Leerlaufspannung der Quelle beträgt $U_L = 250V$.

a) Welche Klemmenspannung U_a stellt sich ein?
b) Wie groß ist der bei Belastung fließende Strom I?
c) Wie groß sind R_i und R_a?
d) Welche Leistung P würde bei Leistungsanpassung in R_a umgesetzt und wie groß ist dann der Wirkungsgrad?

Lösung

a) $U_a = U_q = \eta \cdot U_L = 250V \cdot 0{,}95 = \underline{237{,}5V}$

b) $I = \dfrac{P_N}{U_a} = \dfrac{40kW}{237{,}5V} = \underline{168{,}4A}$

c) $R_a = \dfrac{U_a}{I} = \dfrac{237{,}5V}{168{,}4A} = \underline{1{,}41\Omega}$

$R_i = \dfrac{U_q - U_a}{I} = \dfrac{250V - 237{,}5V}{168{,}4A} = \dfrac{12{,}5V}{168{,}4A} = 0{,}0742\Omega = \underline{74{,}2m\Omega}$

d) Leistungsanpassung liegt vor bei $R_a = R_i$.

$I = \dfrac{U_q}{2R_i} = \dfrac{250V}{2 \cdot 74{,}2m\Omega} = 1685A$

$P = R_a \cdot I^2 = \underline{210{,}7kW}; \quad \eta = \dfrac{P_a}{P} = \dfrac{I^2 \cdot R_a}{I^2 \cdot (R_a + R_i)} = \underline{0{,}5}$

Aufgabe 4.10

Die Messung der Klemmenspannung einer Spannungsquelle mit Hilfe eines Vielfachmessers (der Innenwiderstand des Messgerätes im benutzten Messbereich ist $R_V = 20k\Omega$) ergab einen Wert von $U_1 = 10V$. Durch Parallelschalten eines Widerstandes $R_p = 5k\Omega$ zu den Klemmen der Spannungsquelle sank die Spannung auf $U_2 = 8V$.

a) Wie groß sind Quellenspannung U_q, Innenwiderstand R_i und Kurzschlussstrom I_k der Spannungsquelle, wenn diese eine lineare U-I-Kennlinie hat?
b) Geben Sie allgemein die Gleichung der U-I-Kennlinie an. Zeichnen Sie den Verlauf der Klemmenspannung U_L als Funktion des Laststromes I_L.

Lösung

a) Der Innenwiderstand einer Spannungsquelle kann durch die Messung der Spannungen und Ströme von zwei beliebigen Lastfällen ermittelt werden. Da die U-I-Kennlinie linear ist, ergibt sich der Innenwiderstand als Verhältnis einer Spannungsdifferenz zur zugehörigen Stromdifferenz.

Erster Lastfall: Die Spannungsquelle wird nur durch den Innenwiderstand des Messgerätes belastet.

$$I_1 = \dfrac{U_1}{R_V} = \dfrac{10V}{20k\Omega} = 0{,}5mA$$

I_{a2} D   0;24A stimmt nicht mit dem Erzeugerzhlpfeilsystem berein und entfllt.
Mit dem Stromwert I_{a1} folgt aus dem nichtlinearen Zusammenhang zwischen Spannung und Strom:

$$U_a \, D \, k \, I_a^2 \, D \, 312{;}5\frac{}{A} \, .0{;}08 A/^2 \, D \, \underline{2{;}0V}$$

. Kurzschlussstrom

Aufgabe 4.28
Was versteht man unter einem Kurzschlussstrom?

Lsung
Kurzschluss bedeutet, die Anschlussklemmen einer Quelle sind unendlich gut leitend miteinander verbunden. Der Lastwiderstand ist nBll: D 0   . Somit ist nach dem ohmschen Gesetz U_K D R_L I_K D 0 I_K D 0V die Spannung zwischen den beiden Klemmen null. Dies gilt unabhngig vom Strom I_K (Kurzschlussstrom), der durch die Klemmen iet. Eine ideale Spannungsquelle besitzt den Innenwiderstand R D 0, der Kurzschlussstrom wrde somit unendlich gro werden. Eine reale Spannungsquelle hat einen Innenwiderstand R_i > 0, der Kurzschlussstrom ist dann I_K D $U_0 = R_i$.

I_K D Kurzschlussstrom, U_0 D Quellenspannung, R_i D Innenwiderstand der Spannungsquelle

Aufgabe 4.29
Welchen Strom I_K wrde ein Bleiakkumulator mit der Leerlaufspannung U_L D 4V und dem Innenwiderstand R_i D 0;05   bei vollstndigem (idealen) Kurzschluss liefern?

Lsung
$$I_K \, D \, \frac{U_L}{R_i} \, D \, \frac{4V}{0{;}05} \, D \, \underline{80A}$$

Aufgabe 4.30
Berechnen Sie in der Schaltung nach Abb. 4.49 den Innenwiderstand R_i, die Leerlaufspannung U_{AB0} und den Kurzschlussstrom I_{ABK} bezglich der Klemmen A und B. Wie gro ist der Strom I_L?
  Gegeben: R_1 D 50   , R_2 D 40   , R_3 D 60   , R_L D 70   , U_1 D 10;0V, U_2 D 5;0V

Lsung
Zur Bestimmung von R_i werden die Spannungsquellen kurzgeschlossen. Der Widerstand, den man dann zwischen den Klemmen A und B sieht, ist R_i.

$$R_i \, D \, 50   \, C \, 40   \, C \, 60   \, D \, \underline{150 }$$

. Spannungs-, Strom-, Leistungsanpassung

Aufgabe 4.33
Was versteht man unter einer Spannungsanpassung? Welcher Zusammenhang besteht zwischen dem Innenwiderstand R_i der Spannungsquelle und dem Widerstand R_L des Verbrauchers bei Spannungsanpassung?

Lösung
Bei einer Spannungsanpassung soll ein Maximum der Spannung, die von einer Spannungsquelle abgegeben werden kann, zu einem Verbraucher übertragen werden. Damit Spannungsanpassung vorliegt, muss der Lastwiderstand R_L sehr viel größer als der Innenwiderstand R_i der Spannungsquelle sein: $R_L \gg R_i$. Anders gesagt: Der Innenwiderstand der Spannungsquelle muss sehr viel kleiner als der Widerstand des angeschlossenen Verbrauchers sein. Wegen des kleinen Innenwiderstandes bleibt der Spannungsabfall am Innenwiderstand der Quelle auch bei großen Lastströmen klein, die Spannung am Verbraucher bleibt auch bei Lastschwankungen fast konstant. Bei Spannungsanpassung arbeitet eine Schaltung im Leerlaufbereich der Spannungsquelle. Die Spannungsanpassung hat einen hohen Wirkungsgrad, da die Verlustleistung am Innenwiderstand null oder sehr klein ist. Am Stromversorgungsnetz angeschlossene Geräte werden z. B. mit Spannungsanpassung betrieben. Auch die Spannungsversorgung elektronischer Schaltungen soll im Bereich der Spannungsanpassung arbeiten, sodass bei Lastschwankungen die Versorgungsspannung unerlaubt klein werden kann.

Aufgabe 4.34
Was versteht man unter einer Stromanpassung? Welcher Zusammenhang besteht zwischen dem Innenwiderstand R_i der Spannungsquelle und dem Widerstand R_L des Verbrauchers bei Stromanpassung?

Lösung
Eine Spannungsquelle liefert den maximalen Strom, wenn der Lastwiderstand R_L sehr viel kleiner als der Innenwiderstand R_i der Spannungsquelle ist: $R_L \ll R_i$. Bei einer Stromanpassung ist der Lastwiderstand nur ein kleiner Teil des gesamten Widerstandes im Stromkreis. Der Strom durch die Last bleibt fast konstant, wenn sich der Lastwiderstand ändert. Man erhält einen eingeprägten Strom durch die Last, der unabhängig vom Lastwiderstand ist (wie bei einer Konstantstromquelle). Die Stromanpassung hat einen schlechten Wirkungsgrad. Das Laden von Akkumulatoren erfolgt z. B. mit Stromanpassung (Konstantstrom). Stromanpassung wird auch in der Messtechnik verwendet, wenn die Messsignale von Widerstandsänderungen in der Übertragungsstrecke unabhängig sein sollen. Ein weiteres Anwendungsbeispiel ist die Stromsteuerung von Transistoren.

Berechnungen im unverzweigten Gleichstromkreis

Zusammenfassung

Es werden die Methoden und Gesetze zur Berechnung der Reihenschaltung von Widerstnden, Kondensatoren, Induktivitten sowie Spannungs- und Stromquellen aufgezeigt. Besondere Bedingungen, die vorliegen mssen, werden angegeben. Die komplexe Rechnung wird hier zum ersten Mal angewandt.

. Grundwissen kurz und bndig

Bei einer Reihenschaltung von Zweipolen ist die Stromstrke an jeder Stelle des Stromkreises gleich gro. Die Reihenfolge von Bauelementen ist vertauschbar.

Bei einer Reihenschaltung von Zweipolen addieren sich die Teilspannungen an den Zweipolen zur Gesamtspannung, die an der Reihenschaltung liegt.

Der Ersatzwiderstand ein Reihenschaltung von ohmschen Widerstnden ist:

$$R_{ges} D R_1 C R_2 C R_3 C ::: C R_n:$$

R_{ges} ist stets grer als der grte Wert der einzelnen Widerstnde. Am Widerstand mit dem grten Wert ist der grte Spannungsabfall, er wird am strksten belastet.

Die Ersatzkapazitt einer Reihenschaltung von Kondensatoren ist:

$$C_{ges} D \frac{1}{\frac{1}{C_1} C \frac{1}{C_2} C ::: C \frac{1}{C_n}}:$$

C_{ges} ist stets kleiner als der kleinste Kapazittswert der Reihenschaltung. An kleinen Kapazitten liegen hohe Spannungen an und umgekehrt.

Fr die Reihenschaltung von zwei Kondensatoren gilt $C_{ges} D \frac{C_1 C_2}{C_1 C C_2}$.

' Springer Fachmedien Wiesbaden GmbH 2017
L. Stiny, Aufgabensammlung zur Elektrotechnik und Elektronik
DOI 10.1007/978-3-658-14381-7_5

Die Gesamtinduktivitt einer Reihenschaltung magnetisch nicht gekoppelter Spulen ist:

$$L_{ges} = L_1 + L_2 + \cdots + L_n:$$

Die Gesamtspannung von gleichsinnig (Pluspol und Minuspol wechseln sich ab) in Reihe geschalteten Gleichspannungen ist:

$$U_{ges} = U_1 + U_2 + \cdots + U_n:$$

Ein Bauteil kann durch eine Reihenschaltung von Bauteilen ersetzt werden. Zu beachten sind Toleranzen und Belastbarkeit der einzelnen Bauteile.

Mit einem Vorwiderstand kann ein Verbraucher an eine hhere Spannung als seine Nennspannung angeschlossen werden. Im Vorwiderstand entsteht Verlustleistung.

. Reihenschaltung von ohmschen Widerstnden

Aufgabe 5.1

Es wird der Ersatzwiderstand R_{ges} von drei in Reihe geschalteten Widerstnden $R_1 = 4;7k$, $R_2 = 10k$ und $R_3 = 47k$ berechnet. Das Ergebnis ist $R_{ges} = 33k$. Kann dieses Ergebnis stimmen? Begrnden Sie Ihre Antwort.

Lsung

Das Ergebnis $R_{ges} = 33k$ ist kleiner als der grte der drei Widerstnde $R_3 = 47k$ und ist somit falsch. Bei einer Reihenschaltung von ohmschen Widerstnden ist der Ersatzwiderstand stets grer als der grte der Einzelwiderstnde.

Aufgabe 5.2

Zwei ohmsche Widerstnde $R_1 = 10k$ und $R_2 = 4;7k$ sind in Reihe geschaltet. Wie gro ist der Gesamtwiderstand R_{ges}?

Lsung

$$R_{ges} = R_1 + R_2 = \underline{\underline{14;7k}}$$

Aufgabe 5.3

Berechnen Sie allgemein (als Formel) in Abb. 5.1 die Spannung U_{R1} in Abhngigkeit von U_q und den Widerstnden.

Lsung

Es wird die Spannungsteilerregel verwendet.

$$U_{R1} = U_q \cdot \frac{R_1}{R_1 + R_2 \| R_3} = U_q \cdot \frac{R_1}{R_1 + \frac{R_2 R_3}{R_2 + R_3}} = U_q \cdot \underline{\underline{\frac{R_1 . R_2 + R_3/}{R_1 . R_2 + R_3/ + R_2 R_3}}}$$

b) Die Impedanz der Parallelschaltung $\underline{Z}_2$ und R ist:

$$\underline{Z}_2 = \frac{R \cdot \frac{1}{j\omega C_2}}{R + \frac{1}{j\omega C_2}} = \frac{R}{1 + j\omega R C_2}$$

Mit $\underline{Z}_1 = \frac{1}{j\omega C_1}$ ist die komplexe Ausgangsspannung des belasteten Spannungsteilers:

$$\underline{U}_{2L} = \underline{U}_1 \cdot \frac{\underline{Z}_2}{\underline{Z}_1 + \underline{Z}_2}$$

Die Übertragungsfunktion ist:

$$\underline{H}(j\omega) = \frac{\underline{U}_{2L}}{\underline{U}_1} = \frac{\frac{R}{1+j\omega RC_2}}{\frac{1}{j\omega C_1} + \frac{R}{1+j\omega RC_2}} = \frac{\frac{R}{1+j\omega RC_2}}{\frac{1+j\omega RC_2 + j\omega RC_1}{j\omega C_1 \cdot (1+j\omega RC_2)}} = \frac{j\omega RC_1}{j\omega RC_1 + 1 + j\omega RC_2}$$

$$\underline{H}(j\omega) = \frac{j\omega RC_1}{1 + j\omega R \cdot (C_1 + C_2)}$$

Der Betrag der Übertragungsfunktion ist:

$$|\underline{H}(j\omega)| = \frac{\omega RC_1}{\sqrt{1 + (\omega R \cdot (C_1 + C_2))^2}}$$

$$|\underline{H}(j\omega)| = \frac{2 \cdot \pi \cdot 50 \cdot 10^4 \cdot 10^{-7}}{\sqrt{1 + (2 \cdot \pi \cdot 50 \cdot 10^4 \cdot 10^{-6})^2}} = \frac{0{,}1 \cdot \pi}{\sqrt{1 + \pi^2}} = 9{,}529 \cdot 10^{-2}$$

Der Betrag der Ausgangsspannung des belasteten Spannungsteilers ist:

$$|\underline{U}_{2L}| = |\underline{U}_1| \cdot |\underline{H}(j\omega)| = 100V \cdot 0{,}0953 = 9{,}53V$$

$$10V \; \hat{=} \; 100\% \mid 10V - 9{,}53V \; \hat{=} \; x\% \mid \quad x = \frac{0{,}47 \cdot 100}{10}\% = \underline{\underline{4{,}7\%}}$$

Die Ausgangsspannung sinkt um 4,7 %.

. Reihenschaltung von Spulen

Aufgabe 5.9

Zwei magnetisch nicht gekoppelte Spulen (Magnetfelder beeinflussen sich gegenseitig nicht) mit den Induktivitäten $L_1 = 2\,H$ und $L_2 = 5\,H$ werden in Reihe geschaltet. Wie groß ist die Gesamtinduktivität L_{ges}?

Lösung

$$L_{ges} = L_1 + L_2 = \underline{\underline{7\,H}}$$

Messung von Spannung und Strom

Zusammenfassung

Verschiedene Arten von Spannungs- und Strommessern werden vorgestellt und ihre Eignung zur Messung bestimmter Gren diskutiert. Die Anwendung der Messgerte beim Messvorgang, Genauigkeitsgrenzen und Messfehler sind auf die Praxis der Messtechnik ausgerichtet. Die Erweiterung des Messbereiches von Spannungsmessern mit der Berechnung dazu ntiger Widerstnde ergibt eine Ausweitung der Einsetzbarkeit von Messwerken. Die indirekte Messung von Widerstand und Leistung mit den Mglichkeiten der Spannungsfehler- und der Stromfehlerschaltung sowie das Beispiel der Wheatstone-Brcke ergnzen dieses Kapitel.

Grundwissen kurz und bndig

Der anzeigende, bei analogen Instrumenten oft drehbar gelagerte Teil eines Messinstruments wird Messerk genannt.

Ein Messinstrument besteht aus einem Gehuse mit einer digitalen Anzeige oder einer Skala mit Zeiger und evtl. eingebautem Widerstand.

Als Messgert wird das gesamte Betriebsmittel aus Messinstrument und zustzlicher Beschaltung, z. B. Widerstnde, Sherung, Schalter, bezeichnet.

Ein Drehspulmesswerk nutzt die Kraftwirkung aus, die ein stromdurchossener Leiter in einem Magnetfeld erfhrt.

Fr Wechselspannung bzw. Wechselstrom eignen sich Drehspulmesswerke ohne Gleichrichter nicht.

Dreheisenmesswerke sind fr die Messung von Gleich- und Wechselspannung geeignet.

Analoginstrumente haben eine Strichskala und einen Zeiger. Digitale Messgerte besitzen eine Ziffernanzeige um Ablesen des Messwertes.

' Springer Fachmedien Wiesbaden GmbH 2017
L. Stiny, Aufgabensammlung zur Elektrotechnik und Elektrpnik
DOI 10.1007/978-3-658-14381-7_6

Ein Spannungsmesser (Voltmeter) wird mit zwei Leitungen an den beiden Punkten angeschlossen, zwischen denen die zu messende Spannung liegt. Der Stromkreis wird fr die Messung nicht aufgetrennt.

Der Innenwiderstand eines Voltmeters soll mglichst gro sein (ideal unendlich gro).

Ein Strommesser (Amperemeter) wird mit zwei Leitungen in den Stromkreis eingeschleift, in dem die Stromstrke gemessen werden soll. Der Stromkreis muss fr die Messung aufgetrennt werden.

Der Innenwiderstand eines Amperemeters soll mglichst klein sein (ideal null).

Den Innenwiderstand in k pro Volt (k /V) nennt man Kennwiderstand eines Messwerks.

Die Stromfehlerschaltung eignet sich fr kleine Widerstandswerte. Die Spannungsfehlerschaltung eignet sich fr groe Widerstandswerte.

Bei der indirekten Messung eines Widerstandes wird die Stromfehlerschaltung verwendet, wenn das Geometrische Mittel $R_M = \sqrt{R_{iU} \cdot R_{iI}}$ der Innenwiderstnde R_{iU} des Spannungsmessers und R_{iI} des Strommessers kleiner als der Wert des zu messenden Widerstandes ist. Ist der geometrische Mittelwert grer als der Widerstandswert, so wird die Spannungsfehlerschaltung verwendet.

Wichtige Formeln:

R_V D Vorwiderstand; U_M D Messbereich; U_{mess} D erweiterter Messbereich; R_i D Innenwiderstand Spannungsmesser

Der Vorwiderstand R_V bei Spannungsmessung mit U_{mess} D x U_M ist R_V D .x 1/ R_i

oder

$$R_V = \frac{U_{mess} - U_M}{U_M} \cdot R_i$$

. Voltmeter und Amperemeter

Aufgabe 6.1

Warum eignet sich ein Drehspulmesswerk nicht zur Messung von sinusfrmigem Wechselstrom?

Lsung

Wird die Drehspule von Wechselstrom durch ossen, so ndert sich stndig die Stromrichtung. Dadurch ndert sich stndig die Kraftwirkung des Magnetfeldes, die Drehmomentrichtung wird immer wieder umgekehrt. Der Zeiger pendelt dauernd hin und her bzw. stellt sich (bei hherer Frequenz) durch die Trgheit seiner Masse in einer Mittellage ein.

Bei einer Mischspannung zeigt ein Drehspulmesswerk den arithmetischen Mittelwert U_{av} (D Gleichanteil) an:

$$U_{av} = \frac{1}{T} \int_{0}^{T} U.t/dt$$

Aufgabe 6.2
Soll der Innenwiderstand eines Amperemeters möglichst groß oder möglichst klein sein? Begründen Sie Ihre Antwort.

Lösung
Bei einer Strommessung wird das Amperemeter in den Stromkreis eingeschleift. Der Spannungsabfall am Innenwiderstand des Amperemeters soll den Stromkreis möglichst wenig beeinflussen, also möglichst klein sein. Der Spannungsabfall am Innenwiderstand ist umso kleiner, je kleiner der Innenwiderstand ist. Der Innenwiderstand eines Amperemeters soll somit möglichst klein sein.

Aufgabe 6.3
Ein Voltmeter mit dem Skalenendwert (Vollausschlag) 30,0 Volt zeigt einen Spannungswert von 16,6 V an. Auf der Skala ist als Genauigkeitsklasse aufgedruckt 1,5. Die Genauigkeitsklasse gibt die Fehlergrenze in Prozent des Messbereichendwertes an.

a) Berechnen Sie die Fehlergrenzen.
b) Zwischen welchen Grenzen kann die gemessene Spannung von 16,6 V liegen?

Lösung
a) Fehlergrenzen: $\Delta U = 0{,}015 \cdot 30V = \underline{0{,}45V}$
b) $U_{max} = U + \Delta U = 16{,}6V + 0{,}45V = \underline{\underline{17{,}05V}}$
   $U_{min} = U - \Delta U = 16{,}6V - 0{,}45V = \underline{\underline{16{,}15V}}$

Aufgabe 6.4
Mit einem Messinstrument der Klasse 1,5 (1,5% Fehler bezogen auf den Messbereichendwert) und einem Messbereichendwert von 100 V wird eine Spannung von 20 V und eine Spannung von 80 V gemessen. Wie groß sind jeweils der relative Fehler in Prozent und der absolute Fehler in Volt?

Lösung
Relativer Fehler bei 20 V: $1{,}5\% \cdot \frac{100V}{20V} = \underline{7{,}5\%}$
  Absoluter Fehler bei 20 V:

$U_{max} = 20V + 1{,}5V = \underline{21{,}5V}$ $U_{min} = 20V - 1{,}5V = \underline{18{,}5V}$

Relativer Fehler bei 80 V: $1{,}5\% \cdot \frac{100V}{80V} = \underline{1{,}875\%}$
  Absoluter Fehler bei 80 V:

$U_{max} = 80V + 1{,}5V = \underline{81{,}5V}$ $U_{min} = 80V - 1{,}5V = \underline{78{,}5V}$

Alternative Lsung

Fehlergrenzen:

$$U = 0{;}015 \cdot 100V = 1{;}5V$$

Absoluter Fehler bei 20 V: $U_{max,min} = 20V \pm 1{;}5V = \dfrac{21{;}5V}{18{;}5V}$

Absoluter Fehler bei 80 V: $U_{max,min} = 80V \pm 1{;}5V = \dfrac{81{;}5V}{78{;}5V}$

Aufgabe 6.5

Ein Spannungsmesser mit einem Vollausschlag von 10 V hat einen Innenwiderstand von $R_i = 500k\Omega$. Wie gro ist der Kennwiderstand R_K?

Lsung

$$R_K = \frac{R_i}{U} = \frac{500k\Omega}{10V} = \underline{\underline{50\frac{k\Omega}{V}}}$$

Aufgabe 6.6

Ein Spannungsmesser mit dem Kennwiderstand $R_K = 10\frac{k\Omega}{V}$ be ndet sich im Messbereich bis 100 V. Wie gro ist der Innenwiderstand R_i in diesem Messbereich?

Lsung

$$R_i = 10\frac{k\Omega}{V} \cdot 100V = \underline{\underline{1\,M\Omega}}$$

Aufgabe 6.7

Ein Spannungsmesser mit dem Kennwiderstand $R_K = 10\frac{k\Omega}{V}$ zeigt im 10 V-Messbereich eine Spannung von 6,0 V an. Wie gro ist der Strom I durch den Spannungsmesser?

Lsung

$$R_i = 10\frac{k\Omega}{V} \cdot 10V = 100k\Omega \quad | \quad I = \frac{U}{R_i} = \frac{6{;}0V}{100k\Omega} = \underline{\underline{60\,\mu A}}$$

. Erweiterung des Messbereiches

Aufgabe 6.8

Ein Spannungsmesser mit einem Messbereich bis 10 V hat den Innenwiderstand 100kΩ. Der Messbereich soll mit einem Widerstand auf 100 V vergrert werden. Wie muss der Widerstand geschaltet werden? Welchen Wert muss der Widerstand haben?

Lsung

Der Widerstand muss als Vorwiderstand in Reihe mit dem Spannungsmesser geschaltet werden. Der Messbereich soll auf das 10-fache erweitert werden. Aus $U_{mess} D x \cdot U_M$ folgt:

$$U_{mess} D 10 \cdot U_M:$$

Aus $R_V D .x \quad 1/ \cdot R_i$ mit $x D 10$ folgt: $R_V D 9 \cdot 100k D \underline{900k}$

Aufgabe 6.9

Ein Messinstrument mit Drehspulmesswerk hat einen Innenwiderstand von 500 einen Messbereich (Vollausschlag) von 100. Der Messbereich ist auf einen Endwert von 6,0 Volt zu erweitern. Berechnen Sie den erforderlichen Vorwiderstand.

Lsung

$$R_V D \frac{U_{mess} \quad U_M}{U_M} \cdot R_i$$

mit $R_V D$ Vorwiderstand, $U_M D$ Messbereich, $U_{mess} D$ erweiterter Messbereich, $R_i D$ Innenwiderstand

$$R_V D \frac{6V \quad 100mV}{100mV} \cdot 500 \mid \underline{\underline{R_V D 29;5k}}$$

Aufgabe 6.10

Ein Voltmeter hat den Innenwiderstand $R_i D 10k$ und einen Vollausschlag von $I D$ 1 mA. Welcher Vorwiderstand R_V muss vorgesehen werden, um den Messbereich auf 50 Volt zu erweitern?

Lsung

$$R_V D \frac{U \quad R_i \cdot I}{I} D \frac{50V \quad 10k \cdot 1mA}{1mA} D \underline{\underline{40k}}$$

Aufgabe 6.11

Ein Spannungsmesser mit Drehspulmesswerk hat Vollausschlag bei einer Spannung von $U_M D 1V$, sein Innenwiderstand betrgt $R_i D 1000$. Wie gro ist der Innenwiderstand R_{i10}, nachdem der Messbereich durch einen Vorwiderstand auf $U_{mess} D 10V$ erweitert wurde?

Lsung

Der bentigte Vorwiderstand zur Messbereichserweiterung ist:

$$R_V D \frac{U_{mess} \quad U_M}{U_M} \cdot R_i$$

Aufgabe 6.18

Es soll ein Widerstand gemessen werden, der einen Wert von ca. 5 Ω hat. Zur Verfügung stehen ein Spannungsmesser mit einem Innenwiderstand von 10 MΩ und ein Strommesser mit einem Innenwiderstand von 100 Ω.

a) Welche Schaltung zur indirekten Widerstandsmessung sollte verwendet werden?
b) Die Messgeräte haben die Genauigkeitsklasse 1,5. Darf der Widerstandswert ohne Korrekturrechnung nach dem ohmschen Gesetz berechnet werden?

Lösung

a) Das Geometrische Mittel der beiden Innenwiderstände ist:

$$R_{iM} = \sqrt{R_{iU} \cdot R_{iI}} = \sqrt{10^7 \cdot 100} = 3{,}16 \cdot 10^4 = 31{,}6 \, k\Omega :$$

Da der zu messende Widerstand kleiner ist, wird die Stromfehlerschaltung verwendet.

b) Der Innenwiderstand R_{iU} des Spannungsmessers ist 2000-mal größer als der zu messende Widerstand. Somit liegt der Fehler des Stromes bei ca. $\frac{1}{2000} = 5 \cdot 10^{-4}$ bzw. 0,05 %. Dieser Fehler ist wesentlich kleiner als der Fehler der Messgeräte (1,5 %). Eine Korrekturrechnung ist nicht notwendig.

Aufgabe 6.19

Eine Glühlampe ist mit 12 V, 6 W beschriftet. Die tatsächliche Leistungsaufnahme im Nennbetrieb soll gemessen werden. Zur Verfügung stehen folgende Geräte:

Ein Netzgerät, das im Bereich $0 \ldots 15 V$ einstellbar ist, aber keinen eingebauten Spannungsmesser hat.

Ein Spannungsmesser mit dem Kennwiderstand $R_K = 20 \frac{k\Omega}{V}$ der Genauigkeitsklasse 1,5. Das Gerät hat folgende Messbereiche: 3 V, 10 V, 30 V, 100 V.

Ein Strommesser der Genauigkeitsklasse 1,5 mit einer Empfindlichkeit von 100 mV. Der Spannungsabfall am Messgerät ist also beim Messbereichsendwert 100 mV. Das Gerät hat folgende Messbereiche: 10 mA, 30 mA, 100 mA, 300 mA, 1 A, 3 A.

a) Auf welchen Messbereich wird der Spannungsmesser eingestellt?
b) Auf welchen Messbereich wird der Strommesser eingestellt?
c) Wie groß ist der Innenwiderstand R_{iU} des Spannungsmessers?
d) Wie groß ist der Innenwiderstand R_{iI} des Strommessers?
e) Welche Schaltung wird zur Messung verwendet?
f) Kann mit den abgelesenen Werten von U und I nach der Formel $P = U \cdot I$ die von der Glühlampe tatsächlich aufgenommene Leistung genügend genau berechnet werden?

Schaltvorgnge im unverzweigten Gleichstromkreis

Zusammenfassung

Es wird der Schaltvorgang beim ohmscheideWstand, beim Kondensator und bei der Spule behandelt. Fr unterschiedliche Schaltungen werden Lade- und Entladevorgnge beim Anschalten einer Gleichspannung an Kondensatoren und Spulen berechnet. Dabei wird der zeitliche Verlauf von Spannungand Strmen analysiert und gra sch dargestellt. Die Verwendung einer Freilaudde zeigt eine Mglichkeit zur Verhinderung hoher Induktionsspannungen beim Abschalten von Induktivitten.

. Grundwissen kurz und bndig

Ohmscher Widerstand: Es besteht keine Zeitverzgerung zwischen Spannung und Strom.

Die Zeitverzgerungen von Spannung undrStm bei Kondensator und Spule entsprechen einer Exponentialfunktion.

Kondensator mit Vorwiderstand einschalten: Die Spannung steigt verzgert auf den Wert der Ladespannung an. Der Strom springt auf einen Maximalwert und fllt verzgert auf null ab.

Kondensator ausschalten: Der Kondensator bleibt geladen.

Kondensator ber einen Widerstand entladeDie Spannung fllt verzgert auf null ab. Der Strom springt auf einen negativen Maximalwert und fllt verzgert auf null ab.

Die Zeitkonstante eines Kondensators is τ R C.

Spule einschalten: Der Strom steigt verzgert auf einen Maximalwert an. Die Spannung springt auf einen Maximalwert und fllt verzgert auf null ab.

Spule mit Abschalt-Induktionsstromkreis ausschalten: Der Strom fllt verzgert auf null ab. Die Spannung springt auf einen negativen Maximalwert und fllt verzgert auf null ab.

' Springer Fachmedien Wiesbaden GmbH 2017
L. Stiny, Aufgabensammlung zur Elektrotechnik und Elektronik
DOI 10.1007/978-3-658-14381-7_7

Der verzweigte Gleichstromkreis

Zusammenfassung

Vorgestellt werden die Methoden zur Berechnung der Parallelschaltung von ohmschen Widerstnden, Kondensatoren, Spulen und von Spannungs- und Stromquellen. Die Erweiterung des Messbereiches eines Strmessers ist wegen der erforderlichen Parallelschaltung eines Widerstandes ebenfalls hier enthalten. Der belastete Spannungsteiler mit seinen vernderten Spannungen gegenber dem unbelasteten Zustand wird berechnet. Gemischte Schaltungen aus Reih und Parallelschaltungen mehrerer Bauelemente erweitern die Berechnungsmglichkeiten verzweigter Netzwerke. Die Stern-Dreieck- und Dreieck-Stern-Umwandlung ergibt spezielle Methoden zur Umformung und Berechnung von Netzwerken. Mit der Transformation von Spannungs- in Stromquellen und umgekehrt werden Analysemglichkeiten erweitert. Zahlreiche Beispiele zur Analyse von Netzwerken bieten die Mglichkeit fr eigene bungen. Die Knotenanalyse und der berlagerungssatz vervollstndigen die Analysemglichkeiten.

Grundwissen kurz und bndig

Erstes Kirchhoffsches Gesetz (Knotenregel): Die Summe aller Strme in einem Knoten ist null.

Zweites Kirchhoffsches Gesetz (Maschenregel): Die Summe aller Spannungen in einer Masche ist null.

Der Ersatzwiderstand einer Parallelschaltung von ohmschen Widerstnden ist:

$$R_{ges} D \frac{1}{\frac{1}{R_1} C \frac{1}{R_2} C \cdots C \frac{1}{R_n}} :$$

Fr die Parallelschaltung von zwei Widerstnden gilt $R_{ges} D \frac{R_1 R_2}{R_1 C R_2}.$

Fr die Parallelschaltung von Kondensatoren gilt $C_{ges} D C_1 C C_2 C \cdots C C_n.$

' Springer Fachmedien Wiesbaden GmbH 2017
L. Stiny, Aufgabensammlung zur Elektrotechnik und Elektrpnik
DOI 10.1007/978-3-658-14381-7_8

Fr die Parallelschaltung von zwei magnetisch nicht gekoppelten Spulen gilt: $L_{ges} = \dfrac{L_1 L_2}{L_1 C L_2}$.

Werden Gleichspannungsquellen parallel geschaltet, so erhht sich der entnehmbare Strom. Bestimmte Probleme sind dabei zu beachten.

Durch die Parallelschaltung von Bauelementen knnen Ersatzwerte gewonnen werden.

Der Messbereich eines Amperemeters kann durch einen Shunt erweitert werden.

R_P D Parallelwiderstand; I_M D Messbereich; I_{mess} D erweiterter Messbereich; R_i D Innenwiderstand Strommesser

Der Parallelwiderstand (Shunt) R_P bei Strommessung fr I_{mess} D x $\cdot$ I_M ist

$$R_P \; D \; \frac{R_i}{x \; 1} \quad \text{oder} \quad R_P \; D \; \frac{R_i \cdot I_M}{I_{mess} \; I_M} :$$

Vom unbelasteten Spannungsteiler ist der belastete Spannungsteiler zu unterscheiden. Gemischte Schaltungen knnen durch Zusammenfassung von Bauelementen berechnet werden.

Eine Sternschaltung kann in eine Dreieckschaltung umgewandelt werden und umgekehrt.

Eine Spannungsquelle kann in eine Stromquelle umgewandelt werden und umgekehrt.

Bei einem Netzwerk gibt es einen Baum, Maschen, Zweige und Knoten. Ein Netzwerk kann durch einen Graphen dargestellt werden.

Ein Netzwerk kann mit der Maschenanalyse, der Knotenanalyse, durch den berlagerungssatz oder mit dem Satz von der Ersatzspannungsquelle berechnet werden.

. Parallelschaltung von ohmschen Widerstnden

Aufgabe 8.1

Zwei Widerstnde R_1 D R_2 D 100 sind parallel geschaltet. Wie gro ist der Ersatzwiderstand R_{ges}?

Lsung

Werden zwei gleich groe Widerstnde parallel geschaltet, so erhlt man den halben Widerstandswert. Dies sollte man auswendig wissen!

$$R_1 \; k \; R_2 \; D \; R_{ges} \; D \; \underline{50}$$

Aufgabe 8.2

Zwei ohmsche Widerstnde R_1 D 60 und R_2 D 30 sind parallel geschaltet. Wie gro ist der Ersatzwiderstand R_{ges}?

Lsung

$$R_{ges} \; D \; \frac{R_1 \cdot R_2}{R_1 \; C \; R_2} \; D \; \frac{60 \cdot 30}{60 \; C \; 30} \; D \; \underline{20}$$

. Parallelschaltung von Spulen

Aufgabe 8.10
Zu einer Spule mit der Induktivität $L_1 = 500mH$ wird eine Spule mit $L_2 = 0,3H$ parallel geschaltet (magnetisch nicht gekoppelt). Wie groß ist die Ersatzinduktivität?

Lösung
$$L = \frac{L_1 \cdot L_2}{L_1 + L_2} = \frac{0,5 \cdot 0,3}{0,8}H = \underline{\underline{187,5mH}}$$

Die Formel zur Berechnung der Induktivität von zwei parallel geschalteten Spulen ist der Formel zur Berechnung des Widerstandes von zwei parallel geschalteten ohmschen Widerständen und der Formel zur Berechnung der Kapazität von zwei in Reihe geschalteten Kondensatoren formal ähnlich.

Aufgabe 8.11
Drei gleiche, magnetisch nicht gekoppelte Spulen mit der Induktivität L_0 werden parallel geschaltet. Wie groß ist die Gesamtinduktivität L_{ges} der Schaltung?

Lösung
Die Gesamtinduktivität von n parallel geschalteten Spulen ist

$$L_{ges} = \frac{1}{\frac{1}{L_1} + \frac{1}{L_2} + \cdots + \frac{1}{L_n}}.$$

Mit $L_1 = L_2 = L_3 = L_0$ folgt $\underline{\underline{L_{ges} = \frac{L_0}{3}}}$.

. Parallelschaltung von Spannungs- und Stromquellen

Aufgabe 8.12
Die Lichtmaschine eines Autos hat eine Quellenspannung $U_{qL} = 15,6V$ und einen Innenwiderstand $R_{iL} = 0,2\,\Omega$. Parallel zur Lichtmaschine ist die Autobatterie mit der Quellenspannung $U_{qB} = 12,6V$ und dem Innenwiderstand $R_{iB} = 0,01\,\Omega$ geschaltet. Die an diese Stromversorgung angeschlossenen Verbraucher entsprechen einem Lastwiderstand von $R_L = 1,2\,\Omega$.

Man knnte auch die Stromquelle wieder in eine Spannungsquelle umwandeln.

$$U_q D I_q \ R_i D 1338A \ 9;5 \ 10^3 \quad D \ 12;7VI$$

$$I_L D \frac{U_q}{R_i C R_L} D \frac{12;7V}{9;5 \ 10^3 \ C \ 1;2} D \underline{\underline{10;5A}}$$

Aufgabe 8.13
Was ist in der Praxis bei der Parallelschaltung von Spannungs- und Stromquellen zu beachten?

Lsung
Stromquellen knnen unbedenklich parallel geschaltet werden, um die Stromergiebigkeit zu erhhen. Eine Parallelschaltung von Spannungsquellen zu verwenden, um den verfgbaren maximalen Strom zu erhhen, kann dagegen problematisch sein. Alle parallel geschalteten Spannungsquellen mssen

die gleiche Spannung liefern,
gleiche Innenwiderstnde aufweisen,
mit gleicher Polung zusammengeschaltet werden,
erd- bzw. potenzialfrei oder am gleichen Pol geerdet sein.
Wechselspannungen mssen gleichphasig zusammengeschaltet werden.

Werden diese Punkte nicht beachtet, sind Ausgleichsstrme zwischen den Quellen die Folge. Durch eine unkontrollierte Stomaufung zwischen den Spannungsquellen kann es zu einer starken berlastung einer Quelle kommen. Eine falsche Polung kommt z. B. einem Kurzschluss gleich. Selbst bei gleichen Spannungen wird die Stromaufteilung auf die einzelnen Spannungsquellen durch ihre Innenwnstnde festgelegt. Von ihnen ist meist nur bekannt, dass sie klein sind, ihr genauer Wert ist oft unbekannt. Eine unterschiedliche Stromaufteilung kann zur berlastung einer Quelle fhren.

Weisen alle Spannungsquellen die gleiche Spannung und den gleichen Innenwiderstand auf, so ist der Maximalstrom gleich der Summe der Maximalstrme der einzelnen Spannungsquellen. Der gesamte Innenwiderstand der parallel geschalteten Spannungsquellen entspricht der Parallelschaltung ihrer einzelnen Innenwiderstnde.

Aufgabe 8.14
Geben Sie die Parameter der Ersatzspannungsquelle und der Ersatzstromquelle der Schaltung in Abb. 8.8 an, bestimmen Sie also jeweils Quellenspannung und Quellenstrom sowie den Innenwiderstand der Ersatzschaltung.

Gegeben U_{q1} D 1;5V, U_{q2} D 1;4V, U_{q3} D 1;5V, R_{i1} D 1;0 , R_{i2} D 0;9 , R_{i3} D 1;4

. Erweiterung des Messbereiches eines Amperemeters

Aufgabe 8.15

Ein Strommesser mit Drehspulmesswerk hat einen Messbereich von $I_M = 1{,}0A$ und einen inneren Widerstand von $R_i = 0{,}15\,\Omega$. Der Messbereich soll durch einen Parallelwiderstand (Shunt) auf $I_{mess} = 6A$ erweitert werden. Berechnen Sie den Shunt.

Lösung

$$R_P = \frac{R_i \cdot I_M}{I_{mess} - I_M} = \frac{0{,}15\,\Omega \cdot 1\,A}{6\,A - 1\,A} = \underline{\underline{30\,m\Omega}}$$

Aufgabe 8.16

Ein Strommesser mit einem Innenwiderstand $R_i = 1\,\Omega$ misst bei Vollausschlag den Strom $I_M = 100\,mA$. Der Messbereich soll bis $I_{mess} = 5A$ erweitert werden.

a) Welchen Widerstandswert muss der Shunt R_P (Nebenwiderstand) erhalten?
b) Welcher Gesamtwiderstand R_{ges} ergibt sich?

Lösung
a)

$$R_P = \frac{R_i \cdot I_M}{I_{mess} - I_M} = \frac{1\,\Omega \cdot 0{,}1\,A}{5\,A - 0{,}1\,A} = \underline{\underline{20{,}4\,m\Omega}}$$

b) R_i und R_P liegen parallel:

$$R_{ges} = \frac{R_P \cdot R_i}{R_P + R_i} = \underline{\underline{20{,}0\,m\Omega}}$$

Aufgabe 8.17

Ein Drehspulmessgerät mit Vollausschlag bei $I = 100\,\mu A$ und dem Innenwiderstand $R_i = 2\,k\Omega$ soll entsprechend Abb. 8.11 zur Strommessung erweitert werden.

| Anmerkung Die angegebene Schaltung wird in der Praxis verwendet, da sich die Kontaktwiderstände des Schalters nicht auf die Messgenauigkeit auswirken, sie beeinflussen nicht das Verhältnis des Stromteilers.

Für die Schalterstellungen 1, 2 und 3 sollen (jeweils für Vollausschlag) die Messbereiche $I = 30\,mA$, $I = 10\,mA$ und $I = 3\,mA$ eingestellt werden können. Berechnen Sie für diese Messbereiche die Widerstände R_1, R_2 und R_3.

In der Schaltung wurde dieser Knoten nicht extra durch ein Massesymbol gekennzeichnet. Am linken Anschluss von R_1 liegt das Potenzial U_1, am rechten Anschluss das Potenzial U_2. ber R_1 (zwischen dem linken und rechten Anschss) liegt die Potenzialdifferenz U_{R1} D U_1 U_2.

Das Ergebnis fr I_1 wird in die Gleichung M_2 eingesetzt:

$$ U_1 \; C \; R_1 \frac{U_1 \; U_2}{R_1} \; C \; R_2 I_3 \; D \; 0I \qquad I_3 \; D \; \frac{U_2}{R_2} $$

| Anmerkung Auch dieses Ergebnis ist mit etwas bung sofort ersichtlich. Die Spannung U_2 entspricht der Spannung U_{R2}. Die ideale Spannungsquelle U_2 bewirkt zwischen ihren beiden Anschlussknoten (somit zwischen den beiden Anschlssen R_2) eine eingeprgte Spannung. Nicht betrachtete Netzwerkteile links von R_2 in Abb. 8.47, die parallel zu einer idealen Spannungsquelle (U_2) liegen, haben keinen Einuss auf das restliche Netzwerk. Somit ist I_3 nur von U_2 abhngig (und natrlich dem Widerstandswert von R_2).

Allgemein gilt: Bauelemente parallel zu idealen Spannungsquellen und in Reihe zu idealen Stromquellen knnen ohne Konsequenzen fr das brige Netzwerk weggelassen werden.

I_1 und I_3 werden in die noch nicht benutzte Knotengleichung eingesetzt, um I_2 zu bestimmen.

$$ I_2 \; D \; I_3 \quad I_1 \; D \; \frac{U_2}{R_2} \quad \frac{U_1 \; U_2}{R_1} \; D \; \frac{.R_1 \; C \; R_2/U_2 \quad R_2 U_1}{R_1 R_2} $$

Obwohl eine uere Masche gewhlt wurde, erhalten wir ein vernnftiges Ergebnis und nicht etwas Sinnloses wie R_1 D R_1.

Alternative Vorgehensweise
Statt der Masche M_2 htte man auch die Masche M_2^0 whlen knnen. Die beiden Maschengleichungen M_1 und M_2^0 sind dann mit Sicherheit linear unabhngig. Die Gleichung wre dann:
M_2^0: $U_2 \; C \; U_{R2} \; D \; 0$
Mit U_2 D U_{R2} aus M_2 folgt sofort I_3 D $\frac{U_2}{R_2}$. I_1 und I_2 werden wie oben bestimmt.

Aufgabe 8.36
Wie viel linear unabhngige Knotengleichungen k und Maschengleichungen m lassen sich von den in Abb. 8.49 gezeigten Netzwerken aufstellen und wie ergibt sich ihre Zahl? Wie gro ist jeweils die Anzahl der Zweigstrme?

II) Maschenregel: $U_2 \quad I_2 \cdot R_4 + R_5 / \quad U_3 \quad I_3 R_3 = 0$

$$I_3 = \frac{U_2 \quad I_2 \cdot R_4 + R_5 / \quad U_3}{R_3} \quad \text{(Gl. 2)}$$

III) Knotenregel: $I_1 + I_2 \quad I_3 = 0) \quad I_2 = I_3 \quad I_1 \text{ (Gl. 3)}$

Aus I):

$$I_1 = \frac{U_1 \quad U_3 \quad I_3 R_3}{R_1 + R_2} l$$

darin für I_3 Gl. 2 einsetzen:

$$I_1 = \frac{U_1 \quad U_2 + I_2 \cdot R_4 + R_5 /}{R_1 + R_2} \quad \text{(Gl. 4)}$$

In Gl. 3 für I_3 Gl. 1 einsetzen:

$$I_2 = \frac{U_1 \quad U_3 \quad I_1 \cdot R_1 + R_2 / \quad I_1 R_3}{R_3}$$

Diesen Ausdruck in Gl. 4 einsetzen:

$$I_1 = \frac{U_1 \quad U_2 + \frac{U_1 \quad U_3 \quad I_1 \cdot R_1 + R_2 / \quad I_1 R_3}{R_3} \cdot R_4 + R_5 /}{R_1 + R_2}$$

Auflösen nach I_1:

$I_1 \cdot R_1 + R_2 / R_3 = \cdot U_1 \quad U_2 / R_3 + U_1 \quad U_3 \quad I_1 \cdot R_1 + R_2 + R_3 / \cdot R_4 + R_5 /$

$I_1 \cdot R_1 + R_2 / R_3 = \cdot U_1 \quad U_2 / R_3 + \cdot U_1 \quad U_3 / \cdot R_4 + R_5 /$

$$I_1 \cdot R_1 + R_2 + R_3 / \cdot R_4 + R_5 /$$

$$I_1 = \frac{\cdot U_1 \quad U_2 / R_3 + \cdot U_1 \quad U_3 / \cdot R_4 + R_5 /}{\cdot R_1 + R_2 / R_3 + \cdot R_1 + R_2 + R_3 / \cdot R_4 + R_5 /}$$

b) $I_1 = 0{,}20\,A; \quad I_2 = 0; \quad I_3 = 0{,}20\,A$

c) $U_A = 14\,V; \quad U_B = 12\,V; \quad U_C = 0; \quad U_D = 0$

Aufgabe 8.42

In der Schaltung in Abb. 8.56 ist U_2 so zu bestimmen, dass $I_3 = 100\,mA$ beträgt.

Gegeben: $R_1 = 3\,\Omega$, $R_2 = 4\,\Omega$, $R_3 = 5\,\Omega$, $R_4 = 6\,\Omega$, $U_1 = 2\,V$, $U_3 = 3\,V$, $I_3 = 100\,mA$

Lösung

Es werden die Maschenumläufe und die Ströme I_1 und I_2 in das Netzwerk eingezeichnet (Abb. 8.57).

8.13 Der Überlagerungssatz

Aufgabe 8.48

Berechnen Sie in Abb. 8.65 unter Anwendung des Superpositionsprinzips die Spannung U_4 und den Strom I_4. Gegeben: $U_{q1} = 12\,\text{V}; U_{q2} = 18\,\text{V}; R_1 = R_2 = 2\,\Omega; R_3 = R_4 = 4\,\Omega$

Lösung

Es werden alle Quellen bis auf eine Quelle deaktiviert (Spannungsquellen kurzgeschlossen, Stromquellen herausgenommen). Der Anteil jeweils einer Quelle wird berechnet. Das Ergebnis ist die Summe aller Anteile (Abb. 8.66).

Nach der Spannungsteilerregel ist

$$U_4' = U_{q1} \cdot \frac{R_3 \parallel R_4}{R_1 + R_2 + R_3 \parallel R_4}; \quad U_4' = 12\,\text{V} \cdot \frac{2\,\Omega}{6\,\Omega} = 4\,\text{V}$$

Ebenfalls nach der Spannungsteilerregel: $U_4'' = -U_{q2} \cdot \dfrac{R_4 \parallel (R_1 + R_2)}{R_3 + R_4 \parallel (R_1 + R_2)}$

$$U_4'' = -18\,\text{V} \cdot \frac{2\,\Omega}{6\,\Omega} = -6\,\text{V}$$

Superposition: $U_4 = U_4' + U_4''; \underline{\underline{U_4 = -2\,\text{V}}}$

$$I_4 = \frac{U_4}{R_4}; \quad \underline{\underline{I_4 = -0{,}5\,\text{A}}}$$

Abb. 8.65 Berechnung mit dem Überlagerungssatz

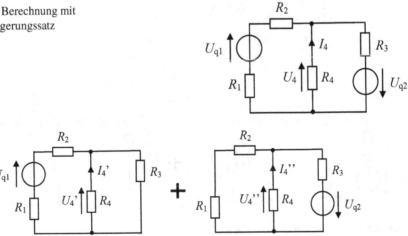

Abb. 8.66 Überlagerung der Quellenanteile

Abb. 8.67 Strom I_2 nach
dem Superpositionsprinzip
berechnen

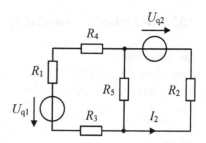

Aufgabe 8.49

Bestimmen Sie in Abb. 8.67 den Strom I_2 nach dem Superpositionsprinzip.

Gegeben: $U_{q1} = U_{q2} = 60\,\mathrm{V}$; $R_1 = R_2 = 3\,\Omega$; $R_3 = R_4 = 5\,\Omega$; $R_5 = 10\,\Omega$

Lösung

Die Überlagerung der Anteile zeigt Abb. 8.68.

Zur Berechnung von I_2' und I_2'' wird jeweils die Spannungsteilerregel angewendet.

$$I_2' = -\frac{U_{R2}'}{R_2} = \frac{U_{q1}\frac{R_2\|R_5}{R_1+R_3+R_4+R_2\|R_5}}{R_2}$$

$$I_2' = -\frac{U_{q1}}{R_1 + R_4 + R_3 + R_5 \parallel R_2} \cdot \frac{R_5}{R_2 + R_5};$$

$$I_2' = -\frac{60\,\mathrm{V}}{13\,\Omega + \frac{3\cdot10}{3+10}\,\Omega} \cdot \frac{10}{3 + 10} = -3{,}01\,\mathrm{A}$$

$$I_2'' = \frac{U_{R2}''}{R_2} = \frac{U_{q2}\frac{R_2}{R_2+(R_1+R_3+R_4)\|R_5}}{R_2}; \quad I_2'' = \frac{U_{q2}}{R_2 + (R_1 + R_3 + R_4) \parallel R_5}$$

$$I'' = \frac{60\,\mathrm{V}}{3\,\Omega + \frac{13\cdot10}{23}\,\Omega} = 6{,}93\,\mathrm{A}$$

$$I_2 = I_2' + I_2'' = -3{,}01\,\mathrm{A} + 6{,}93\,\mathrm{A} = \underline{\underline{3{,}92\,\mathrm{A}}}$$

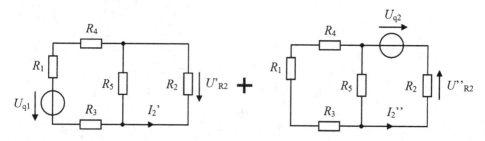

Abb. 8.68 Addition der Quellenanteile

Abb. 8.69 Schaltung nach
dem Superpositionsprinzip
berechnen

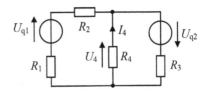

Aufgabe 8.50

Berechnen Sie unter Anwendung des Superpositionsprinzips die Spannung U_4 und den
Strom I_4 in Abb. 8.69. Gegeben: $U_{q1} = 12\,\text{V}$; $U_{q2} = 18\,\text{V}$; $R_1 = R_2 = 2\,\Omega$; $R_3 = R_4 = 4\,\Omega$

Lösung

Die Überlagerung der Anteile zeigt Abb. 8.70.

$$U_4' = U_{q1} \frac{R_4 \parallel R_3}{R_1 + R_2 + R_4 \parallel R_3} = U_{q1} \frac{R_4 R_3}{(R_1 + R_2)(R_4 + R_3) + R_4 R_3}$$

$$U_4' = 12\,\text{V} \frac{16}{4 \cdot 8 + 16} = 4\,\text{V}$$

$$I_4' = \frac{U_4'}{R_4} = \frac{4\,\text{V}}{4\,\Omega} = 1\,\text{A}$$

$$U_4'' = -U_{q2} \frac{(R_1 + R_2) \parallel R_4}{(R_1 + R_2) \parallel R_4 + R_3} = -U_{q2} \frac{(R_1 + R_2) R_4}{(R_1 + R_2) R_4 + R_3(R_1 + R_2 + R_4)}$$

$$U_4'' = -18\,\text{V} \frac{16}{4 \cdot 4 + 4 \cdot 8} = -6\,\text{V}; \quad I_4'' = \frac{U_4''}{R_4} = \frac{-6\,\text{V}}{4\,\Omega} = -1{,}5\,\text{A};$$

$$I_4 = I_4' + I_4'' = \underline{\underline{-0{,}5\,\text{A}}}$$

$$U_4 = U_4' + U_4'' = 4\,\text{V} - 6\,\text{V} = \underline{\underline{-2\,\text{V}}}$$

Aufgabe 8.51

Berechnen Sie den Kurzschlussstrom I_K der Schaltung in Abb. 8.71 mit Hilfe des Superpositionsprinzips. Gegeben: $U_{q1} = 12\,\text{V}$; $U_{q2} = 20\,\text{V}$; $R_1 = R_2 = 8\,\Omega$; $R_3 = R_4 = 20\,\Omega$

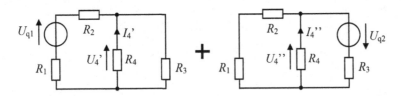

Abb. 8.70 Anteile der Überlagerung

Wechselspannung und Wechselstrom

Zusammenfassung

Wechselgren und Mischgren werden mit ihren kennzeichnenden Parametern de -
niert. Es werden Berechnungen von Effektivwert und Gleichrichtwert bei unterschiedlichen Kurvenformen der Zeitfunktionen durchgefhrt. Dabei sind alternative Lsungswege bercksichtigt.

. Grundwissen kurz und bndig

Wichtige Formeln:

$$f \, D \, \frac{1}{T}I \quad !\, D\,2 \quad f\, I \quad I\, D\, t \; \frac{1}{T}\int_0^{Z^T} I.t/\,^2 dt I \quad I\, D\, \frac{IO}{p\frac{}{2}}I$$

$$U\, D\, \frac{\overline{\varphi}}{p\frac{}{2}}I \quad \overline{jU.t/j}\, D\, \frac{1}{T}\int_0^{Z^T} jU.t/jdt I \quad \overline{ju.t/j}\, D\, \frac{2}{}\varphi$$

. Periodische Signale

Aufgabe 9.1
Wie ist in der Elektrotechnik der Begriff Wechselgre de niert?

Lsung
Eine Wechselgre ist eine physikalische Gre (z. B. ein Strom oder eine Spannung), die
periodisch ist, also einen sich mit der Periodendauer wiederholenden Augenblickswert
besitzt. Fr eine Spannung als Wechselgre gilt somit $u.t/ \; D \; u.t \; C \; k \quad T/$ mit $k \, D$
$0; 1; 2; : : :$

' Springer Fachmedien Wiesbaden GmbH 2017
L. Stiny, Aufgabensammlung zur Elektrotechnik und Elektronik
DOI 10.1007/978-3-658-14381-7_9

2. Fall

Die Zeitfunktion $u(t)$ muss über ihre Periode abschnittsweise definiert werden. Entsprechend der abschnittweisen Definition von $u(t)$ muss dann auch bei Anwendung obiger Formel abschnittsweise integriert werden.

3. Fall

Es können Symmetrieverhältnisse der Zeitfunktion $u(t)$ bei der Integration ausgenutzt werden, dadurch lässt sich die Rechnung oft einfacher gestalten. Es wird z. B. statt über die ganze Periode nur von 0 bis $T/4$ integriert. Statt mit dem Faktor $1/T$ über die ganze Periode zu mitteln, wird dann auch nur mit $4/T$ über diese Viertelperiode gemittelt.

Die Zeitfunktion $u(t)$ wird über ihre Periode abschnittsweise definiert. Für die Dreieckspannung in Abb. 9.5 ergibt sich:

$$u(t) = \begin{cases} \dfrac{\hat{u}}{\frac{T}{4}}\, t = \dfrac{4\hat{u}}{T}\, t & \text{für} \quad 0 \le t \le \dfrac{T}{4} \\[2mm] -\dfrac{\hat{u}}{\frac{T}{4}}\, t + 2\hat{u} = -\dfrac{4\hat{u}}{T}\, t + 2\hat{u} & \text{für} \quad \dfrac{T}{4} \le t \le \dfrac{3T}{4} \\[2mm] \dfrac{4\hat{u}}{T}\, t - 4\hat{u} & \text{für} \quad \dfrac{3T}{4} \le t \le T \end{cases}$$

Entsprechend der abschnittweisen Definition von $u(t)$ wird jetzt abschnittsweise integriert.

$$U = \sqrt{\frac{1}{T}\left[\int_{0}^{\frac{T}{4}} \left(\frac{4\hat{u}}{T}\, t\right)^2 dt + \int_{\frac{T}{4}}^{\frac{3T}{4}} \left(-\frac{4\hat{u}}{T}\, t + 2\hat{u}\right)^2 dt + \int_{\frac{3T}{4}}^{T} \left(\frac{4\hat{u}}{T}\, t - 4\hat{u}\right)^2 dt \right]}$$

Die einzelnen Integrale werden getrennt berechnet.

$$\int_{0}^{\frac{T}{4}} \left(\frac{4\hat{u}}{T}\, t\right)^2 dt = \left(\frac{4\hat{u}}{T}\right)^2 \int_{0}^{\frac{T}{4}} t^2 dt = \left(\frac{4\hat{u}}{T}\right)^2 \cdot \frac{1}{3}\, t^3 \Big|_{0}^{\frac{T}{4}} = \left(\frac{4\hat{u}}{T}\right)^2 \cdot \frac{1}{3}\left(\frac{T}{4}\right)^3$$

$$= \frac{\hat{u}^2 T}{12}$$

$$\int_{\frac{T}{4}}^{\frac{3T}{4}} \left(\frac{4\hat{u}}{T}\right)^2 t^2 - \frac{2 \cdot 8\,\hat{u}^2}{T}\, t + 4\hat{u}^2 \, dt =$$

$$= \left(\frac{4\hat{u}}{T}\right)^2 \cdot \frac{1}{3}\, t^3 \Big|_{\frac{T}{4}}^{\frac{3T}{4}} - \frac{2 \cdot 8\,\hat{u}^2}{T} \cdot \frac{1}{2}\, t^2 \Big|_{\frac{T}{4}}^{\frac{3T}{4}} + 4\hat{u}^2\, t \Big|_{\frac{T}{4}}^{\frac{3T}{4}} =$$

$$\left[\frac{4\hat{U}}{T}\right]^2\left[\frac{1}{3}\left(\frac{3}{4}T\right)^3-\left(\frac{T}{4}\right)^3\right]-\frac{2\cdot 8\,\hat{U}^2}{T}\left[\frac{1}{2}\left(\frac{3}{4}T\right)^2-\left(\frac{T}{4}\right)^2\right]$$

$$+\;64\hat{U}^2\left(\frac{3}{4}T-\frac{T}{4}\right)$$

$$=\frac{4^2\,\hat{U}^2}{T^2}\cdot\frac{1}{3}\,T^3\cdot\frac{26}{4^3}-\frac{8\,\hat{U}^2}{T}\cdot\frac{1}{2}T^2\cdot 4\hat{U}^2\cdot\frac{1}{2}T+\frac{\hat{U}^2\,T\cdot 13}{6}+4\hat{U}^2 T+2\hat{U}^2 T$$

$$=\frac{\hat{U}^2\,T^2\cdot 13}{6}-2\hat{U}^2 T+\frac{13\,\hat{U}^2\,T-12\,\hat{U}^2\,T}{6\cdot 3}=\frac{\hat{U}^2\,T}{6}$$

$$Z_4^{?}\left[\frac{4\hat{U}}{T}\right]^2 t^2-\frac{2\cdot 4\cdot 4\,\hat{U}^2}{T}\,t+16\,\hat{U}^2\,5\;dt$$

$$\int_{\frac{3T}{4}}=\left[\frac{4\hat{U}}{T}\right]^2\left[\frac{1}{3}T^3-\left(\frac{3}{4}T\right)^3\right]-\frac{32\,\hat{U}^2}{T}\left[\frac{1}{2}T^2-\left(\frac{3}{4}T\right)^2\right]+16\hat{U}^2\left(T-\frac{3}{4}T\right)$$

$$=\frac{4^2\,\hat{U}^2}{T^2}\cdot\frac{1}{3}\cdot\frac{37\,T^3}{64}-\frac{32\,\hat{U}^2}{T}\cdot\frac{1}{2}\cdot\frac{7\,T^2}{4^2}+4\,\hat{U}^2\,T=\frac{37\,\hat{U}^2\,T}{4\cdot 3}-3\,\hat{U}^2\,T$$

$$=\frac{\hat{U}^2\,T}{12}$$

Es folgt:

$$U=\sqrt{\frac{1}{T}\left(\frac{\hat{U}^2\,T}{12}+\frac{\hat{U}^2\,T}{6}+\frac{\hat{U}^2\,T}{12}\right)}\qquad \underline{\underline{U=\hat{U}\sqrt{\frac{1}{3}}}}$$

Die Lsung kann auch unter Ausnutzung der Symmetrieverhltnisse erfolgen. Die Rechnung wird dadurch wesentlich krzer.

Im Abschnitt 0 bis $T=4$ ist $U.t/$ eine Gerade $U.t/ = a\,t$ mit der Steigung $a=\dfrac{\hat{U}}{\frac{T}{4}}=\dfrac{\hat{U}\cdot 4}{T}$.

Von 0 bis $T=4$ ist also $U.t/ = \dfrac{4\hat{U}}{T}\,t$.

$$U=\sqrt{\frac{1}{\frac{T}{4}}\int_0^{\frac{T}{4}}\left[\frac{4\hat{U}}{T}\,t\right]^2\,dt}$$

Komplexe Darstellung von Sinusgren

Zusammenfassung

Komplexe Zahlen werden eingefhrt und das Rechnen mit ihnen gebt. Die gra sche Darstellung komplexer Zahlen als Zeiger und in den mglichen Darstellungsformen der Komponentenform, Exponentialform und trigonometrischen Form zeigen unterschiedliche Mglichkeiten zur Berechnung von Betrag und Phase und zur Umwandlung der Formen ineinander. Spannung, Strom und Widerstand werden als komplexe Gren dargestellt. Es werden im komplexen Bereich Scheitelwertzeiger und Effektivwertzeiger, rotierende und ruhende Zeiger betrachtet. Die Transformation einer im Zeitbereich gegebenen Spannung oder eines Stromes in den komplexen Bereich und umgekehrt wird geschult.

. Grundwissen kurz und bndig

Durch die komplexe Rechnung lassen sich Zeigerdiagramme mathematisch beschreiben.

Die imaginre Einheit ist $j D \sqrt{-1}$.

Eine komplexe Zahl $\underline{Z} D R C jX$ hat einen Realteil R und einen Imaginrteil X.

Gleichwertige Darstellungsformen einer komplexen Zahl sind

Komponentenform $\underline{Z} D R C jX$,

trigonometrische Form $\underline{Z} D Z$ cos'$/ C j$ sin.'$/$,

Exponentialform $\underline{Z} D Z$ $e^{j'}$.

Die Lnge des komplexen Zeigers (der Betrag) ist $D j\underline{Z}j D \sqrt{R^2 C X^2}$.

Der Winkel des Zeigers mit der reellen Achse ist $D \arctan \frac{X}{R}$ ($\underline{Z}$ im 1. Quadranten).

Durch die Rechnung mit komplexen Zahlen ist die gra sche Darstellung von Zeigern nicht notwendig. Aufwendige Berechnungen im Zeitbereich werden durch einfachere Berechnungen ersetzt.

Mit komplexen Wechselstromgren kann man genauso rechnen wie bei Gleichstrom.

' Springer Fachmedien Wiesbaden GmbH 2017
L. Stiny, Aufgabensammlung zur Elektrotechnik und Elektrpnik
DOI 10.1007/978-3-658-14381-7_10

Lsung

a)

$$.5\,C\,j3/.2 \quad j/ \quad .3\,C\,j/ \;D\; 10 \quad j5\,C\,j6\,C\,3 \quad 3 \quad j \;D\; \underline{\underline{10}}$$

b)

$$.1 \quad j2/\,^2\,D\,.1 \quad j2/.1 \quad j2/ \;D\; 1 \quad j2 \quad j2 \quad 4\,D\; \underline{\underline{3 \quad j4}}$$

c)

$$\frac{5 \quad j8}{3 \quad j4}\;D\;\frac{.5 \quad j8/.3\,C\,j4/}{.3 \quad j4/.3\,C\,j4/}\;D\;\frac{15\,C\,j20 \quad j24\,C\,32}{9\,C\,j12 \quad j12\,C\,16}\;D\;\underline{\underline{\frac{47}{25}}} \quad j\,\frac{4}{25}$$

d)

$$\frac{1 \quad j}{1\,C\,j}\;D\;\frac{.1 \quad j/.1 \quad j/}{.1\,C\,j/.1 \quad j/}\;D\;\frac{1 \quad j \quad j \quad 1}{2}\;D\;\underline{\underline{j}}$$

e)

$$\frac{1}{5 \quad j3} \quad \frac{1}{5\,C\,j3}\;D\;\frac{.5\,C\,j3/ \quad .5 \quad j3/}{.5 \quad j3/.5\,C\,j3/}\;D\;\frac{j6}{25\,C\,9}\;D\;j\,\underline{\underline{\frac{3}{17}}}$$

f)

$$.3 \quad j2/\,^2\,D\,.3 \quad j2/.3 \quad j2/ \;D\; 9 \quad j6 \quad j6 \quad 4\,D\; \underline{\underline{5 \quad j12}}$$

g)

$$\frac{1}{2}.1\,C\,j/\,^2\,D\;\frac{1}{2}.1\,C\,j/.1 \quad C\,j/ \;D\; \frac{1}{2}.1\,C\,j \quad C\,j \quad 1/\,D\;\underline{\underline{j}}$$

h)

$$\frac{1}{2} \quad \frac{3 \quad j4}{5 \quad j8}\;D\;\frac{1}{2} \quad \frac{.3 \quad j4/.5\,C\,j8/}{.5 \quad j8/.5\,C\,j8/}\;D\;\frac{1}{2} \quad \frac{15\,C\,j24 \quad j20\,C\,32}{25\,C\,64}\;D$$

$$D\;\frac{1}{2} \quad \frac{47\,C\,j4}{89}\;D\;\frac{89 \quad 94 \quad j8}{178}\;D\;\frac{5 \quad j8}{178}\;D\;\underline{\underline{\frac{5}{178}}} \quad j\,\frac{4}{89}$$

Aufgabe 10.4

Berechnen Sie von den in Aufgabe 10.3 berechneten komplexen Zahlen jeweils den Betrag und die Phase in Grad (den Winkel, abgekrzt mit dem Zeichen).

Lsung

a)

$$j10j\;D\;\underline{\underline{10}}; \quad .10/\;D\;\underline{\underline{0}}; \quad \text{rein reell}$$

b)

$$j \quad 3 \quad j4j\;D\;\sqrt{3^2\,C\,4^2}\;D\;\underline{\underline{5}}$$

$$. \quad 3 \quad j4/ \;D\; 180 \quad C \arctan\frac{4}{3}\;D\;180 \quad C\,53;13\;D\;\underline{\underline{233;13}}$$

c)

$$\frac{47}{25} \; j \frac{4}{25} \; D \; \frac{\sqrt{47^2 \, C \, 4^2}}{25} \; D \; \underline{\underline{1;89}}$$

$$\frac{47}{25} \; j \frac{4}{25} \; D \; \arctan \frac{\frac{4}{25}}{\frac{47}{25}} \; D \; \arctan \frac{4}{47} \; D \; \underline{\underline{4;86}}$$

d)

$$j \quad j \, j \, D \; \underline{\underline{1}} \qquad . \, j / \; D \; 90 \; \mid \quad \text{rein imaginr}$$

e)

$$j \frac{3}{17} \; D \; \underline{\underline{\frac{3}{17}}} \qquad j \frac{3}{17} \; D \; 90 \; \mid \quad \text{rein imaginr}$$

f)

$$j5 \quad j12 \, j \, D \; \sqrt{5^2 \, C \, 12^2} \, D \; \underline{\underline{13}} \qquad .5 \quad j12 / \; D \; \arctan \frac{12}{5} \; D \; \underline{\underline{67;38}}$$

g)

$$j \, j \; j \, D \; \underline{\underline{1}} \qquad . \, j / \; D \; 90 \; \mid \quad \text{rein imaginr}$$

h)

$$\frac{5}{178} \; j \frac{4}{89} \; D \; \sqrt{\frac{5}{178}^2 \, C \, \frac{4}{89}^2} \; D \; \underline{\underline{0;053}}$$

$$\frac{5}{178} \; j \frac{4}{89} \; D \; 180 \, C \arctan \frac{\frac{4}{89}}{\frac{5}{178}} \; D \; 180 \, C \, 58 \; D \; \underline{\underline{238}}$$

Aufgabe 10.5

Wie lauten Realteil und Imaginrteil der komplexen Zahl Z D 5 e ^{j75} ?

Lsung

Die komplexe Zahl ist in Exponentialform gegeben. Die Komponentendarstellung lautet

$$\underline{Z} \; D \; 5 \quad \cos \; 75 / \, C \, j \quad \sin. \; 75 / \; : \quad \text{Re}\{\underline{Z}\} \, D \, \underline{\underline{1;294}} \quad \text{Im}\{\underline{Z}\} \, D \, \underline{\underline{4;83}}$$

Aufgabe 10.6

Welche Ergebnisse liefern folgende Rechenoperationen:

a) .1 C j 3/ C .2 j 4/ . 5 C 6 j/ D $\underline{Z}_1$

b) $\frac{23 \; 2j}{4 C 5j}$ D $\underline{Z}_2$

c) .2 e ^{j22} / .6 e ^{j32} / W4 e ^{j5} / D $\underline{Z}_3$

Lsung

a) Die Addition der Realteile ergibt $C\,2\,C\,5\,D\,8$.

Die Addition der Imaginrteile ergibt $3\quad 4\quad 6\,D\quad 7$. Ergebnis $\underline{Z}_1\,D\,8\quad j\quad 7$

b) Zhler und Nenner werden mit dem konjugiert komplexen Wert des Nenners erweitert.

$$\underline{Z}_2\,D\,\frac{23\quad 2j}{4\,C\,5j}\,D\,\frac{.23\quad 2j/\;\;.4\quad 5j/}{.4\,C\,5j/\;\;.4\quad 5j/}\,D\,\frac{23\;4\quad 23\;5j\quad 2j\;4\quad 2\;5}{16\,C\,25}$$

Zusammenfassen der Real- und Imaginrteile und Beseitigen des Bruches ergibt:
$\underline{Z}_2\,D\,2\quad 3j$

c) Die Exponentialform komplexer Zahlen eignet sich besonders gut zur Multiplikation und Division, da die Exponenten addiert bzw. subtrahiert werden.

$$2\;e^{j22}\quad 6\;e^{j32}\,D\,12\;e^{j10}\;|\;\frac{12\;e^{j10}}{4\;e^{j5}}\,D\,\frac{12}{4}\;e^{j10}\quad e^{j5}\,D\,3\;e^{j.10\quad 5/}$$

$\underline{Z}_3\,D\,3\;e^{j5}$

Aufgabe 10.7

Gegeben ist der komplexe Ausdruck $\frac{6}{15\,C\,j8}\,5\;e^{j45}$. Gesucht ist die Exponentialform $Z\,D\,r\;e^{j'}$.

Lsung

$$\frac{6}{15\,C\,j8}\,5\;e^{j45}\,D\,\frac{6}{.\;\sqrt{15^2\,C\,8^2}e^{j\;180\quad \arctan\frac{8}{15}/}}\,5\;e^{j45}\,D\,\frac{30}{17\;e^{j151;93}}e^{j45}$$

$$D\,1;76\;e^{j.45\quad 151;93/}$$

$Z\,D\,1;76\;e^{j106;93}$

Aufgabe 10.8

Gegeben ist der komplexe Ausdruck $\frac{10}{a\,C\,jb}\,D\,2;36\;e^{j45}$. Gesucht sind a und b.

Lsung

$$a\,C\,jb\,D\,\frac{10}{2;36\;e^{j45}}\,D\,4;24\;e^{-j45}\,D\,4;24\quad\cos45\;/\quad j\sin.45\;/\,D\,3\quad j3\,|$$

$a\,D\,3\,|\qquad b\,D\quad 3$

Aufgabe 10.9

Gegeben ist der komplexe Ausdruck $e^{j'}$. $3\,C\,j8/\,D\,j32$. Gesucht sind r und $'$.

Lsung

$$\underline{r} = \underline{e}' = \frac{j\,32}{.\,3 + j\,8/} = \underline{p} \frac{32\,e^{j\,90}}{3^2 + 8^2\,e^{.\,180\ \arctan\frac{8}{3}/}} = \underline{D} \frac{32\ e^{j\,90}}{8{;}54\ e^{j\,110{;}56}}$$

$$= 3{;}75\ e^{j.\,90\ \ 110{;}56/}$$

$$\underline{r} = \underline{e}' = 3{;}75\ e^{\,j\,20{;}56}\ |\quad \underline{\underline{r = 3{;}75}}\ '\ \underline{\underline{= 20{;}56}}$$

Aufgabe 10.10
Gegeben ist der komplexe Ausdruck $a + jb = 6\ e^{j120}$. $4 + j3 + 2\ e^{j15}$ /. Gesucht sind a und b.

Lsung

$$a + jb = 6\ e^{j120}\ .\ 4 + j3 + 2\ e^{j15}\ /$$

$$= 6\ e^{j120}\ .\ 4 + j3 + 2\ \cos15\ /+ j\ \sin.15\ //$$

$$a + jb = 6\ e^{j120}\ .\ 2{;}07 + j3{;}52/ = 6\ e^{j120}\ \underline{p}\ 2{;}07^2 + 3{;}52^2\ e^{.\,180\ \arctan\frac{3{;}52}{2{;}07}//}$$

$$a + jb = 6\ e^{j120}\ 4{;}08\ e^{j120{;}5} = 24{;}48\ e^{j240{;}5}$$

$$= 24{;}48\ .\cos240{;}5\ /+ j\ \sin.240{;}5\ /$$

$$a + jb = \quad 12\quad j21{;}3;\ \text{Koef zientenvergleich}\ \underline{\underline{a = \quad 12}}\quad \underline{\underline{b = \quad 21{;}3}}$$

Aufgabe 10.11
Fr fnf verschiedene Verbraucher sind jeweils die komplexe Eingangsspannung und der komplexe Eingangsstrom angegeben.

	Verbr. 1	Verbr. 2	Verbr. 3	Verbr. 4	Verbr. 5
$\underline{U}$	.40 j10/ V	.40 j10/ V	.30 + j20/ V	.40 + j10/ V	.40 j10/ V
$\underline{I}$	.10 j6/ A	.7;5 + j30/ A	.15 j22;5/ A	.8 + j2/ A	.10 + j10/ A

a) Berechnen Sie jeweils die Komponentenform $\underline{Z} = R + jX$ mit Realteil R und Imaginrteil X sowie die Exponentialform $\underline{Z} = Z\ e^{j}$ mit Betrag Z und Phase des komplexen Verbraucherwiderstandes $\underline{Z}$.
b) Zeichnen Sie die Widerstnde in der komplexen Ebene als Zeiger.
c) Welches Verhalten haben die einzelnen Verbraucher (rein ohmisch, rein kapazitiv, rein induktiv, ohmisch-kapazitiv, ohmisch-induktiv)?

Lösung

a) Allgemein gilt: $\underline{Z} = \dfrac{\underline{U}}{\underline{I}} = R + jX = Z \, e^{j\varphi}$

Verbraucher 1

1. Möglichkeit: Quotient bilden und Zähler und Nenner mit dem konjugiert komplexen Wert des Nenners erweitern.

$$\underline{Z} = \frac{40 + j10}{10 + j6} = \frac{(40 + j10)(10 - j6)}{(10 + j6)(10 - j6)} = \frac{400 - j100 + j240 - j^2 60}{100 - j^2 36}$$

$$\underline{Z} = \frac{460 + j140}{136} \qquad \underline{Z} = (3{,}38 + j\,1{,}03)\,\Omega$$

$$Z = \sqrt{3{,}38^2 + 1{,}03^2} = 3{,}5$$

$$\varphi = \arctan \frac{1{,}03}{3{,}38} = 16{,}9° \qquad \underline{Z} = 3{,}5 \; e^{j16{,}9}$$

2. Möglichkeit: Jeweils $\underline{U}$ und $\underline{I}$ in Exponentialform darstellen, dann Division entsprechend

$$\frac{\underline{Z}_1}{\underline{Z}_2} = \frac{Z_1}{Z_2} \; e^{j(\varphi_1 - \varphi_2)}$$

und Rückwandlung in die Komponentenform nach $\underline{Z} = Z \, (\cos\varphi + j\,\sin\varphi)$.

$$\underline{U} = \sqrt{40^2 + 10^2}\,V \; e^{j\,\arctan \frac{10}{40}} = 41{,}2V \; e^{j14}$$

$$\underline{I} = \sqrt{10^2 + 6^2}\,A \; e^{j\,\arctan \frac{6}{10}} = 11{,}7A \; e^{j31}$$

$$\underline{Z} = \frac{\underline{U}}{\underline{I}} = \frac{41{,}2V}{11{,}7A} \; e^{j14 - j31} = 3{,}5 \; e^{j17}$$

$$\underline{Z} = 3{,}5 \,(\cos 17° + j \, 3{,}5 \, \sin. 17°)$$

$$\underline{Z} = (3{,}35 + j\,1{,}02)\,\Omega$$

Unterschiede zur 1. Möglichkeit sind durch Rundungsfehler bedingt.

Verbraucher 2

$$\underline{Z} = \frac{40 + j10}{7{,}5 + j30} = \frac{(40 + j10)(7{,}5 - j30)}{(7{,}5 + j30)(7{,}5 - j30)} = \frac{300 - j75 - j1200 + j^2 300}{56{,}25 - j^2 900}$$

$$\underline{Z} = \frac{-j1275}{956{,}25} \qquad \underline{Z} = -j\,1{,}33 \qquad Z = 1{,}33 \qquad \varphi = -90°$$

$$\underline{Z} = 1{,}33 \; e^{-j90}$$

c) $\underline{Z}_1$ ist ohmsch-induktiv: Realteil > 0, Imaginärteil > 0, d. h. positiv. Man denke an den komplexen Widerstand $R + j\omega L$ der Reihenschaltung eines Widerstandes mit einer Spule.

$\underline{Z}_2$ ist rein kapazitiv: Realteil $= 0$, Imaginärteil < 0, d. h. negativ. Man denke an den komplexen Widerstand eines Kondensators $X_C = \frac{1}{j\omega C}$.

$\underline{Z}_3$ ist rein induktiv: Realteil $= 0$, Imaginärteil > 0. Man denke an den komplexen Widerstand einer Spule $j\omega L$.

$\underline{Z}_4$ ist rein ohmsch: Realteil > 0, Imaginärteil $= 0$.

$\underline{Z}_5$ ist ohmsch-kapazitiv; Grund: Realteil > 0, Imaginärteil < 0.

Aufgabe 10.12

Geben Sie zu der Zeitfunktion der Spannung $u(t) = 5\,\mathrm{V}\,\sqrt{2}\,\sin(\omega t + 20°)$ und zu der Zeitfunktion des Stromes $i(t) = 2\,\mathrm{A}\,\sqrt{2}\,\sin(\omega t - 60°)$ jeweils den komplexen Effektivwertzeiger an.

Lösung

$$\underline{U} = 5\,\mathrm{V}\ e^{j20°} \qquad \underline{I} = 2\,\mathrm{A}\ e^{-j60°}$$

Aufgabe 10.13

Gegeben ist die Spannung $u(t) = 20\,\mathrm{V}\,\sin(\omega t)$. Geben Sie den komplexen Effektivwertzeiger $\underline{U}$ nach Betrag und Phase an.

Lösung

$$\underline{U} = \frac{20\,\mathrm{V}}{\sqrt{2}}\ e^{j0°} \quad \text{oder} \quad U = \frac{20\,\mathrm{V}}{\sqrt{2}}; \quad \varphi_u = 0°$$

Aufgabe 10.14

Gegeben ist die Spannung $u(t) = \hat{u}\,\sin(\omega t)$. Geben Sie den zugehörigen rotierenden Scheitelwertzeiger, den ruhenden Scheitelwertzeiger und den komplexen Effektivwertzeiger an.

Lösung
Rotierender Scheitelwertzeiger:

$$\underline{u}(t) = \hat{u}\ e^{j(\omega t + 0°)} = \hat{u}\ e^{j\omega t}\ \underbrace{e^{j0°}}_{1} = \hat{u}\ e^{j\omega t}$$

$e^{j\omega t}$ wird als Drehfaktor bezeichnet.

Ruhender Scheitelwertzeiger (komplexe Amplitude) $\underline{\hat{u}} = \hat{u}$
Komplexer Effektivwertzeiger $\underline{U} = \frac{\hat{u}}{\sqrt{2}}$

Aufgabe 10.15

Geben Sie die Spannung $u(t) = \hat{u}\,\sin(\omega t + \varphi_u)$ im Komplexen an.

Lsung

$$u(t) = \hat{u}\left[\cos(\omega t + \varphi_u) + j\sin(\omega t + \varphi_u)\right]$$

Mit $\cos x + j\sin x = e^{jx}$ nach Euler folgt:

$$u(t) = \hat{u}\, e^{j(\omega t + \varphi_u)} = \hat{u}\, e^{j\varphi_u} e^{j\omega t} = \underline{U}\, e^{j\omega t} \quad \text{mit}\quad \underline{U} = \hat{u}\, e^{j\varphi_u} = \sqrt{2}\, U\, e^{j\varphi_u}$$

Aufgabe 10.16
Kann man an einer komplexen Amplitude erkennen, ob die zugeordnete Schwingung eine Sinus- oder eine Cosinus-Funktion ist?

Lsung
Ist nur die komplexe Amplitude $\underline{U} = \hat{u}\, e^{j\varphi_u}$ gegeben, so wird sie vor der Transformation in den Zeitbereich mit $e^{j\omega t}$ multipliziert:

$$u(t) = \hat{u}\, e^{j\varphi_u} e^{j\omega t} = \hat{u}\left[\cos(\omega t + \varphi_u) + j\sin(\omega t + \varphi_u)\right]$$

$u(t)$ ist mit $u(t) = \hat{u}\cos(\omega t + \varphi_u)$ entweder der Realteil von $\underline{u}(t)$ oder mit $u(t) = \hat{u}\sin(\omega t + \varphi_u)$ der Imaginrteil von $\underline{u}(t)$.

Also:

$$\underbrace{u(t) = \mathrm{Re}\{\underline{u}(t)\}}_{\cos} \quad \text{oder} \quad \underbrace{u(t) = \mathrm{Im}\{\underline{u}(t)\}}_{\sin}$$

An der komplexen Amplitude kann man also nicht mehr erkennen, ob die zugeordnete Schwingung eine Sinus- oder Cosinus-Funktion ist.

Aufgabe 10.17
Gegeben ist die komplexe Zeitfunktion $\underline{u}(t) = \hat{u}\, e^{j(\omega t + \pi/2)}$. Geben Sie die zugehrige reelle Zeitfunktion $u(t)$ an.

Lsung

$$\underline{u}(t) = \hat{u}\left[\cos\left(\omega t + \tfrac{\pi}{2}\right) + j\sin\left(\omega t + \tfrac{\pi}{2}\right)\right]$$

$$u(t) = \mathrm{Re}\{\underline{u}(t)\} = \hat{u}\cos\left(\omega t + \tfrac{\pi}{2}\right) \quad \text{oder}\quad u(t) = \mathrm{Im}\{\underline{u}(t)\} = \hat{u}\sin\left(\omega t + \tfrac{\pi}{2}\right)$$

Aufgabe 10.18
Wandeln Sie die Komponentenform $\underline{U} = (1 + j2)\,\text{V}$ der komplexen Effektivspannung in die Exponentialform um.

Lsung

$$\underline{U} D \sqrt{1^2 C 2^2} D \sqrt{5} VI \quad ' D \arctan \frac{2}{1} D \arctan 2/ D 63{;}4 I \quad \underline{U} D \sqrt{5} V \; e^{j63{;}4}$$

Probe: Wandlung der Exponentialform in die Komponentenform.

$$\underline{U} D \sqrt{5} \; \cos 63{;}4 / C j \; \sin.63{;}4 / \; V D .1 C j 2/ \; V$$

Aufgabe 10.19

Leiten Sie im komplexen Bereich formal den komplexen Widerstand in der Komponen-tenform als Quotient von Spannung und Strom her.

Lsung

$$\underline{Z} D \frac{U}{I} \quad \underline{U} D U \; e^{j \, u} I \quad \underline{I} D I \; e^{j \, i} I \quad \underline{Z} D \frac{U \, e^{j \, u}}{I \, e^{j \, i}} D \frac{U}{I} \; e^{j \cdot u \, ' i/} D \frac{U}{I} \; e^{j \, '} I$$

$$\underline{Z} D j\underline{Z}j D \frac{U}{I} I$$

$$\underline{Z} D Z \; e^{j \, '} D Z \; \cos '/ C j \; Z \; \sin .'/ D R C j \; X$$

Einfache Wechselstromkreise

Zusammenfassung

Es werden Eigenschaften und Wirkungsweise der Bauelemente Spule und Kondensator an Wechselspannung betrachtet. Die Funktion der Reihenschaltung von ohmschem Widerstand und Spule und der Reihenschaltung von ohmschem Widerstand und Kondensator werden sowohl im Zeitbereich als auch im komplexen Bereich berechnet. Zur Untersttzung der Anschaulichkeit kommen im Zeitbereich Liniendiagramme und im komplexen Bereich Zeigdiagramme zum Einsatz. Die bei den Reihenschaltungen durchgefhrten Berechnungewerden fr die Parallelschaltung von Widerstand und Spule und fr die Parallelschaltung von Widerstand und Kondensator fortgesetzt. Gemischte Schaltungen, dis Reihenschaltungen und Parallelschaltungen von Widerstnden, Kondensatoren und Spulen zusammengesetzt sind, fhren zu etwas anspruchsvolleren Berechnungen und iweriger zu konstruierenden Zeigerdiagrammen. Die Einfhrung der bertragungsfunktion im komplexen Bereich ergibt neue Mglichkeiten bei der Analyse von Netzwerken. Mit der Verwendung der Begriffe Verstrkungsfaktor, Verstrkungsma, Dmpfungsma werden Berechnungen unter Verwendung logarithmischer Gren gebt.

. Grundwissen kurz und bndig

Ein ohmscher Widerstand ist ein Wirkderstand, in ihm entsteht Wrme.
Beim ohmschen Widerstand sind Strom und Spannung in Phase.
Eine Spule lsst Wechselstrom umso schlechter durch, je hher die Frequenz des Wechselstromes und je grer die Induktivitt der Spule ist.
Bei einer idealen Spule eilt der Strom der Spannung um D 90 nach.
Der Blindwiderstand einer idealen Spule ist D !L .
Ein Kondensator lsst Wechselstrom umso besser durch, je hher die Frequenz des Wechselstromes und je grer die Kapazitt des Kondensators ist.

' Springer Fachmedien Wiesbaden GmbH 2017
L. Stiny, Aufgabensammlung zur Elektrotechnik und Elektrpnik
DOI 10.1007/978-3-658-14381-7_11

Bei einem idealen Kondensator eilt der Strom der Spannung um $\varphi = 90°$ voraus.

Der Blindwiderstand eines idealen Kondensators ist $X = \frac{1}{\omega C}$.

Der komplexe Widerstand einer Spule ist $\underline{Z} = j\omega L$.

Der komplexe Widerstand eines Kondensators ist $\underline{Z} = \frac{1}{j\omega C}$.

Ein komplexer Widerstand (eine Impedanz) ist allgemein die Zusammenschaltung eines Wirkwiderstandes und eines Blindwiderstandes.

Ein Scheinwiderstand (Einheit Ohm) ist der Absolutwert (der Betrag) eines komplexen Widerstandes.

φ_{ui} ist der Winkel, um den die Spannung dem Strom vorauseilt (= Phasenverschiebungswinkel oder Phasenverschiebung zwischen Spannung und Strom).

$-\varphi_{iu} = \varphi_{ui}$ ist der Phasenverschiebungswinkel zwischen Strom und Spannung.

Mit den Nullphasenwinkeln φ_u der Spannung und φ_i des Stromes gilt: $\varphi_{ui} = \varphi_u - \varphi_i$.

Der Winkel eines komplexen Widerstandes, der an eine Spannungsquelle angeschlossen ist, stimmt nach Wert und Vorzeichen mit φ_{ui} überein.

Definition einer Übertragungsfunktion: $\underline{H}(j\omega) = \frac{\underline{U}_a}{\underline{U}_e} = \frac{\text{Wirkung}}{\text{Ursache}}$.

$|\underline{H}(j\omega)|$ wird als Amplitudengang bezeichnet.

Die Phasenverschiebung (der Phasengang) zwischen Ausgangs- und Eingangssignal ist $\varphi(\omega) = \angle \underline{H}(j\omega)$.

Der relative Spannungspegel in dB ist definiert als $v_{dB} = 20\,dB \cdot \log \frac{U_a}{U_e}$.

Ein Bodediagramm ist die grafische Darstellung des Amplituden- und Phasengangs.

Als Grenzfrequenz wird die 3 dB-Frequenz bezeichnet.

Zur Normierung einer Übertragungsfunktion setzt man $R = C = L = 1$.

Ein Tiefpass und ein Hochpass sind Filter.

Spule im Wechselstromkreis

Aufgabe 11.1

Eine Spule hat bei 50 Hz einen Blindwiderstand von 24 Ω. Wie groß ist die Induktivität L der Spule?

Lösung

$$L = \frac{X_L}{\omega} = \frac{X_L}{2\pi f} = \frac{24}{6{,}28 \cdot 50\,s^{-1}} = 0{,}0764\,\Omega s = 0{,}0764\,H = \underline{\underline{76{,}4\,mH}}$$

Aufgabe 11.2

Zwei induktiv nicht gekoppelte Spulen mit den Induktivitäten $L_1 = 0{,}8\,H$ und $L_2 = 0{,}35\,H$ sind in Reihe geschaltet.

a) Wie groß ist die Gesamtinduktivität L_{ges}?
b) Wie groß ist der induktive Blindwiderstand X_L bei 50 Hz?

Lsung

a) $L_{ges} = L_1 + L_2 = 0{,}8H + 0{,}35H = 1{,}15H$

b) $X_L = \omega L = 2\pi \cdot 50 s^{-1} \cdot 1{,}15 \; s = \underline{361}$

Aufgabe 11.3

Wie gro ist der induktive Blindwiderstand X_L einer idealen Spule mit der Induktivitt $L = 10mH$ bei der Frequenz $f = 1MHz$?

Lsung

$$X_L = 2\pi \, f \, L = 2\pi \cdot 10^6 s^{-1} \cdot 10^{-2} H \qquad \underline{X_L = 62{,}8k}$$

Aufgabe 11.4

Eine ideale Induktivitt hat den Wert $L = 150mH$. Wie gro ist ihr Blindwiderstand X_L und ihr Blindleitwert B_L bei einer Frequenz von $f = 15kHz$?

Lsung

$$X_L = 2\pi \, f \, L = 2\pi \cdot 15 \cdot 10^3 s^{-1} \cdot 0{,}15 H \quad \underline{X_L = 14{,}14k} \quad B_L = \frac{1}{X_L} = 70{,}7 \; S$$

Aufgabe 11.5

Wie gro ist die Induktivitt einer idealen Spule, an der bei einer Frequenz von $f = 100Hz$ und einem durch die Spule ießenden sinusfrmigen Strom mit dem Scheitelwert $\hat{I} = 15A$ eine Spannung von $U = 180V$ gemessen wird?

Lsung

$$L = \frac{X_L}{2\pi \, f} \quad X_L = \frac{U}{I} = \frac{U}{\hat{I}/\sqrt{2}} = \frac{\sqrt{2}\,U}{\hat{I}}$$

$$L = \frac{\sqrt{2}\,U}{2\pi \, f \, \hat{I}} = \frac{\sqrt{2} \cdot 180V}{2\pi \cdot 100 s^{-1} \cdot 15A} \quad \underline{L = 27mH}$$

Aufgabe 11.6

Leiten Sie den Zusammenhang zwischen Spannung und Strom bei der Spule im Zeitbereich und im komplexen Bereich her.

Lsung

Zeitbereich

Wir gehen aus von dem Strom $i(t) = \sqrt{2}\,I\,\sin(\omega t + \varphi_i)$. Die Bauteilgleichung fr die Spule ist $u(t) = L\,\frac{di(t)}{dt}$. Einsetzen des Stromes und Differenzieren ergibt:

$$u(t) = L \cdot \sqrt{2}\,I\,\cos(\omega t + \varphi_i) = L \cdot \sqrt{2}\,I\,\sin\underbrace{\Big(\omega t + \varphi_i + \frac{\pi}{2}\Big)}_{\varphi_u}$$

Die Zeitfunktion der Spannung an der Spule hat den Nullphasenwinkel $\varphi_i + \frac{\pi}{2}$, die Spannung eilt also dem Strom durch die Spule um $\frac{\pi}{2}$ voraus. Die Spannung ist im Liniendiagramm gegenber dem Strom um $\frac{\pi}{2}$ nach links verschoben. Dies entspricht dem physikalischen Verhalten der Spule beim Anschalten einer Gleichspannung: Die Spannung macht einen Sprung, der Strom tritt durch die Wirkung der Selbstinduktion verzgert auf.

Komplexer Bereich

$$\underline{i}_L(t) = I_0\, e^{j\omega t + \varphi_i} = I_0\, e^{j\varphi_i}\, e^{j\omega t} \qquad \frac{d\underline{i}_L(t)}{dt} = I_0\, e^{j\varphi_i}\, j\omega\, e^{j\omega t}$$

Bauteilgleichung (Induktionsgesetz):

$$\underline{u}_L(t) = L\, \frac{d\underline{i}_L(t)}{dt}$$

$$\underline{u}_L(t) = j\omega L \quad I_0\, e^{j\omega t + \varphi_i}$$

$$\underline{Z}_L = \frac{\underline{u}_L(t)}{\underline{i}_L(t)} = \frac{j\omega L \quad I_0\, e^{j\omega t + \varphi_i}}{I_0\, e^{j\omega t + \varphi_i}}$$

Komplexer Widerstand der Spule $\underline{Z}_L = j\omega L$

. Kondensator im Wechselstromkreis

Aufgabe 11.7
Ein Kondensator wird an das Versorgungsnetz mit 230 V, 50 Hz angeschlossen. Der durch den Kondensator ieende Strom wird zu 15 mA gemessen. Wie gro ist die Kapazitt des Kondensators?

Lsung

$$X_C = \frac{U}{I} = \frac{230V}{0{,}015A} = 15{,}3k\,\Omega$$

$$C = \frac{1}{\omega\ X_C} = \frac{1}{2\pi\ 50\ 15{,}3\ 10^3}F = 0{,}2\ \mu F = \underline{200nF}$$

Aufgabe 11.8
Drei Kondensatoren mit den Kapazitten $C_1 = 47nF$, $C_2 = 22nF$ und $C_3 = 15nF$ sind parallel geschaltet und werden an eine sinusfrmige Wechselspannungsquelle mit 1,4 Volt, 400 Hz angeschlossen. Berechnen Sie

a) die Ersatzkapazitt C,
b) den kapazitiven Blindwiderstand X_C,
c) den kapazitiven Blindstrom I_C.

Lsung

Zeitbereich

Wir gehen aus von der Spannung $u.t/ D \sqrt{2} U \sin.!t C ' _u/$. Die Bauteilgleichung fr den Kondensator ist $i.t/ D C \frac{du.t/}{dt}$. Einsetzen der Spannung und Differenzieren ergibt (siehe auch Aufgabe 11.6):

$$i.t/ D ! C \sqrt{2} U \sin\left(!t C ' _u C \frac{}{2}\right)$$

Die Zeitfunktion des Stromes durch den Kondensator hat den Nullphasenwinkel $' _u C \frac{}{2}$, der Strom eilt also der Spannung am Kondensator um $\frac{}{2}$ voraus. Der Strom ist im Liniendiagramm gegenber der Spannung um $\frac{}{2}$ nach links verschoben. Dies entspricht dem physikalischen Verhalten des Kondensators beim Anschalten einer Gleichspannung: Der Strom macht einen Sprung, die Spannung tritt durch den Ladevorgang verzgert auf.

Komplexer Bereich

$$\underline{u}_C.t/ D \hat{U} e^{j.!t C ' _u/} D \hat{U} e^{j' _u} e^{j!t}$$

$$\frac{d\underline{u}_C.t/}{dt} D \hat{U} e^{j' _u} j! e^{j!t}$$

Bauteilgleichung $\underline{i}_C.t/ D C \frac{d\underline{u}_C.t/}{dt}$

$$\underline{i}_C.t/ D j!C \hat{U} e^{j.!t C ' _u/}$$

$$\underline{Z}_C D \frac{\underline{u}_C.t/}{\underline{i}_C.t/} D \frac{\hat{U} e^{j.!t C ' _u/}}{j!C \hat{U} e^{j.!t C ' _u/}}$$

Komplexer Widerstand des Kondensators: $\underline{Z}_C D \frac{1}{j!C}$

. Reihenschaltung von ohmschem Widerstand und Spule

Aufgabe 11.12

Die Reihenschaltung eines ohmschen Widerstandes $R D 50$ und einer Spule $L D 200mH$ liegt an der Netzwechselspannung $U D 230V$, $f D 50Hz$. Geben Sie die Zeitfunktion $i.t/$ des Stromes ohne Anwendung der komplexen Rechnung an.

Lsung

Der Scheinwiderstand der Reihenschaltung ist $Z D \sqrt{R^2 C .!L/^2} D 80;3$.

Der Scheitelwert des Stromes ist somit $\hat{I} D \frac{\sqrt{2}U}{Z} D 4;1A$.

Diesen Wert hatten wir bereits als Winkel der Impedanz $\underline{Z} = R + j\omega L$ berechnet. Der Winkel von $\underline{Z}$ gibt also den Winkel zwischen Spannung und Strom nach Wert und Vorzeichen richtig an.

Bekanntlich gibt es zwei Möglichkeiten, um zu berechnen:

1. Aus den Nullphasenwinkeln φ_u φ_i
2. als Winkel des komplexen Widerstandes $\underline{Z}$.

i) Allgemein ist der Strom in Abhängigkeit der Zeit:

$$i(t) = \hat{I} \sin(\omega t + \varphi_i)$$

Die Frequenz bleibt in einem linearen Netzwerk unverändert und kann aus der Angabe übernommen werden. Der Nullphasenwinkel des Stromes wurde soeben zu $43{,}3$ berechnet. Der Strom wurde zu $I = 270\,\text{mA}$ berechnet. Wir dürfen jetzt nicht vergessen, dass dies ein Effektivwert ist. Vor der Sinusfunktion steht ein Scheitelwert, den wir durch Multiplikation des Effektivwertes mit $\sqrt{2}$ erhalten.

$$\underline{i(t) = \sqrt{2}\,270\,\text{mA}\,\sin(\omega t + 43{,}3)}$$

Aus dem Vorzeichen des Nullphasenwinkels sehen wir auch im Zeitbereich, dass der Strom der Spannung nacheilt, dessen Liniendiagramm also gegenüber der Spannung nach rechts verschoben ist.

Aufgabe 11.14
Eine Spule mit dem Wicklungswiderstand $R = 20$ und der Induktivität $L = 100\,\text{mH}$ liegt an der Netzwechselspannung $U = 230\,\text{V}$, $f = 50\,\text{Hz}$.

a) Wie groß sind Blindwiderstand X_L und Scheinwiderstand Z_L der Spule?
b) Wie groß ist der Strom I durch die Spule? Wie groß ist die Phasenverschiebung φ_{ui} zwischen Spannung und Strom in Grad?
c) Wie groß sind der Wirkspannungsabfall U_R und der Blindspannungsabfall U_L an der Spule?
d) Wie groß sind die in der Spule entstehende Wirkleistung P, Blindleistung Q und Scheinleistung S?

Lösung
a)

$$X_L = \omega L = 2 \cdot \pi \cdot 50\,\text{s}^{-1} \cdot 0{,}1\,\text{s} = \underline{\underline{31{,}4}}$$

$$Z_L = \sqrt{R^2 + X_L^2} = \sqrt{20^2 + 31{,}4^2} = \underline{\underline{37{,}2}}$$

b)

$$I = \frac{230\,\text{V}}{37{,}2} = \underline{\underline{6{,}2\,\text{A}}}$$

$$\underline{Z}_L = R + jX_L = 20 + j\,31{,}4$$

Der Winkel des komplexen Widerstandes ist nach Betrag und Vorzeichen mit der Phasenverschiebung zwischen Spannung und Strom berein.

$$\varphi = \varphi_{ui} = \arctan \frac{31{,}4}{20} = \underline{\underline{57{,}5}}$$

Der Strom eilt der Spannung um 57,5° nach.

c)

$$U_R = 6{,}2A \cdot 20 = \underline{124V} \mid U_L = 6{,}2A \cdot 31{,}4 = \underline{194{,}7V}$$

Probe: $U = \sqrt{.124V/^2 + .194{,}7V/^2} = \underline{\underline{230{,}8V}}$, bis auf Rundungsfehler i. O.

d)

$$P = U \cdot I \cdot \cos\varphi = 230V \cdot 6{,}2A \cdot \cos 57{,}5° = \underline{766{,}2W}$$

$$Q = U \cdot I \cdot \sin\varphi = 230V \cdot 6{,}2A \cdot \sin 57{,}5° = \underline{1202{,}7var}$$

$$S = U \cdot I = 230V \cdot 6{,}2A = \underline{1426VA}$$

Probe: $S = \sqrt{P^2 + Q^2} = \underline{\underline{1426{,}03VA}}$, bis auf Rundungsfehler i. O.

Aufgabe 11.15
Eine Spule mit dem Wicklungswiderstand $R_1 = 60$ und der Induktivität $L_1 = 100mH$ ist mit einer zweiten Spule mit dem Wicklungswiderstand $R_2 = 120$ und der Induktivität $L_2 = 400mH$ in Reihe geschaltet (magnetisch nicht gekoppelt). Berechnen Sie für die Frequenz $f = 50Hz$

a) den Scheinwiderstand (Betrag der Impedanz) der Reihenschaltung,
b) den Leistungsfaktor $\cos\varphi$.

Lösung
a) Das Ersatzschaltbild besteht aus dem ohmschen Widerstand $R_1 + R_2$ und der Induktivität $L_1 + L_2$. Der Betrag der Impedanz ist $Z = \sqrt{.R_1 + R_2/^2 + !.L_1 + L_2/^2}$.

$$Z = \sqrt{180^2 + .2\pi \cdot 50 \cdot 0{,}5/^2} = \underline{\underline{238{,}9}}$$

b) Der Leistungsfaktor ergibt sich aus dem Verhältnis von Wirkleistung zu Scheinleistung bzw. aus dem Verhältnis von Wirkwiderstand zu Scheinwiderstand.

$$\cos\varphi = \frac{R_1 + R_2}{Z} = \frac{180}{238{,}9} = \underline{\underline{0{,}75}}$$

a) Wie groß sind Wirkwiderstand R, Blindwiderstand X_L und Scheinwiderstand Z_L der Spule?

b) Welche Induktivität L hat die Spule?

c) Beschreiben Sie das Ersatzschaltbild der Spule.

d) Ermitteln Sie den Phasenwinkel φ zwischen Spannung und Strom.

e) Berechnen Sie die Spannungsabfälle U_R und U_L am Wirk- und am Blindwiderstand.

f) Warum ist $U_R + U_L \neq U$?

Lösung

a) Im Gleichstromkreis ist der Wirkwiderstand $R = \dfrac{U}{I} = \dfrac{24{,}0V}{0{,}16\,A} = \underline{150{,}0\,\Omega}$.

Im Wechselstromkreis ist der Scheinwiderstand $Z_L = \dfrac{230V}{1{,}0A} = \underline{230{,}0\,\Omega}$.

Der Blindwiderstand ist $X_L = \sqrt{Z_L^2 - R^2} = \sqrt{230{,}0^2 - 150{,}0^2} = \underline{174{,}4\,\Omega}$

b) Induktivität:

$$L = \frac{X_L}{2\pi f} = \frac{174{,}4}{2\pi \cdot 50 s^{-1}} = \underline{\underline{0{,}56\,H}}$$

c) Das Ersatzschaltbild ist eine Reihenschaltung eines ohmschen Widerstandes (Widerstand der Drahtwicklung) und einer idealen Induktivität.

d) Phasenwinkel:

$$\varphi = \varphi_{ui} = \arctan \frac{X_L}{R} = \arctan \frac{174{,}4}{150{,}0} = \underline{\underline{49{,}3^\circ}}$$

Der Strom eilt der Spannung um 49,3° nach.

e) Spannungsabfälle $U_R = R \cdot I = 150{,}0 \cdot 1{,}0A = \underline{150{,}0V}$

$U_L = X_L \cdot I = 174{,}4 \cdot 1{,}0A = \underline{174{,}4V}$

f) Zwischen U_R und U_L besteht eine Phasenverschiebung, die beiden Spannungen müssen geometrisch addiert werden: $U = \sqrt{150{,}0^2 + 174{,}4^2}\,V = \underline{230V}$

. Reihenschaltung von ohmschem Widerstand und Kondensator

Aufgabe 11.19

Die Reihenschaltung eines ohmschen Widerstandes $R = 4\,k\Omega$ und eines Kondensators $C = 0{,}22\,\mu F$ liegt an der Netzwechselspannung $U = 230V$, $f = 50Hz$ (Abb. 11.8).

a) Berechnen Sie den Scheinwiderstand Z der Reihenschaltung von R und C.

b) Bestimmen Sie den Strom I.

c) Wie groß ist der Phasenwinkel φ in Grad zwischen U und I?

d) Skizzieren Sie das Spannungszeigerdiagramm (Spannungsdreieck) mit U, U_R und U_C.

b)

$$X_C = Z \cdot \sin \varphi = 820 \cdot 0{;}5736 = \underline{470}$$

c)

$$C = \frac{1}{\omega X_C} = \frac{1}{2 \pi \cdot 20 \cdot 10^3 \cdot 470} = \underline{\underline{16{;}9\,nF}}$$

Aufgabe 11.22

Die Reihenschaltung eines ohmschen Widerstandes $R = 100\,\Omega$ und eines Kondensators mit dem kapazitiven Blindwiderstand $X_C = 200\,\Omega$ wird an eine Sinusspannung $U = 200V$ angeschlossen.

a) Wie groß sind Scheinwiderstand Z und Stromstärke I?
b) Berechnen Sie die Spannungsabfälle U_R und U_C am Wirk- und am Blindwiderstand.
c) Ermitteln Sie den Phasenwinkel φ zwischen Spannung und Strom.

Lösung
a)

$$Z = \sqrt{R^2 + X_C^2} = \underline{223{;}6\,\Omega} \qquad I = \frac{U}{Z} = \frac{200V}{223{;}6\,\Omega} = \underline{895\,mA}$$

b)

$$U_R = R \cdot I = 100\,\Omega \cdot 0{;}895A = \underline{89{;}5V}$$

$$U_C = X_C \cdot I = 200\,\Omega \cdot 0{;}895A = \underline{179{;}0V}$$

c)

$$\varphi = \arctan \frac{X_C}{R} = \arctan 2 = \underline{63{;}4°}$$

Der Strom eilt der Spannung um 63,4° voraus.

Parallelschaltung von Widerstand und Spule

Aufgabe 11.23

Durch eine Parallelschaltung von Wirkwiderstand R und Induktivität L fließt ein Gesamtstrom von $I = 2{;}4A$ (Abb. 11.13). Der Leistungsfaktor ist $\cos \varphi = 0{;}75$. Berechnen Sie

a) den Wirkstrom I_W, der durch R fließt,
b) den induktiven Blindstrom I_L, der durch L fließt.
c) Geben Sie den komplexen Widerstand $\underline{Z}$ der RL-Parallelschaltung allgemein in Abhängigkeit von ω, R und L in der algebraischen Form $\underline{Z} = a + jb$ an. Bestimmen Sie also die Ausdrücke für a und b.

Aufgabe 11.29

Ein Kondensator $C = 68nF$ ist mit einem ohmschen Widerstand $R = 1k\Omega$ parallel geschaltet. Die Schaltung liegt an einer sinusförmigen Wechselspannung $U = 3,4V$, $f = 2300Hz$.

Berechnen Sie

a) den Wirkstrom I_R,
b) den kapazitiven Blindstrom I_C,
c) den Gesamtstrom I,
d) den Scheinwiderstand Z,
e) den Phasenwinkel φ_u zwischen Strom und Spannung in Grad.

Lösung

a)
$$I_R = \frac{U}{R} = \frac{3,4V}{1000} = \underline{\underline{3,4mA}}$$

b)
$$X_C = \frac{1}{\omega C} = \frac{1}{2\pi \cdot 2,3 \cdot 10^3 \cdot 68 \cdot 10^{-9}} = 1017\,\Omega$$
$$I_C = \frac{U}{X_C} = \frac{3,4V}{1017} = \underline{\underline{3,34mA}}$$

c)
$$I = \sqrt{I_R^2 + I_C^2} = \underline{\underline{4,77mA}}$$

d)
$$Z = \frac{U}{I} = \frac{3,4V}{4,77mA} = \underline{\underline{713}}$$

e)
$$\cos\varphi_u = \frac{I_R}{I} = \frac{3,4mA}{4,77mA} = 0,7127 \quad \rightarrow \quad \varphi_u = \underline{\underline{44,5}}$$

Aufgabe 11.30

Ein ohmscher Widerstand $R = 2,7k\Omega$ ist mit einem Kondensator C parallel geschaltet. Bei Anschluss an eine sinusförmige Wechselspannung $U = 24V$, $f = 50Hz$ nimmt die Schaltung einen Gesamtstrom von $I = 12mA$ auf. Berechnen Sie

a) den Strom I_R durch R,
b) den Strom I_C durch C.

Lösung

a)
$$I_R = \frac{U}{R} = \frac{24V}{2,7k} = \underline{\underline{8,89mA}}$$

b)
$$I_C = \sqrt{I^2 - I_R^2} = \sqrt{144 - 79}\,mA = \underline{\underline{8,06mA}}$$

Die Summe der komplexen Teilströme ergibt nach der Knotenregel den komplexen Gesamtstrom.

$$\underline{I} = \underline{I}_R + \underline{I}_C = 40\,\text{mA} + 30\,\text{mA} \cdot e^{j\frac{\pi}{2}}$$

$$= 40\,\text{mA} + 30\,\text{mA}\left(\cos\frac{\pi}{2} + j\sin\frac{\pi}{2}\right)$$

$$\underline{I} = 40\,\text{mA} + j\,30\,\text{mA} \quad I = |\underline{I}| = \sqrt{(40\,\text{mA})^2 + (30\,\text{mA})^2} = \underline{50\,\text{mA}}$$

Hier wird oft die Frage gestellt, warum man so kompliziert im komplexen Bereich rechnet, wenn man mit Formeln aus Tabellenwerken ohne komplexe Rechnung das Ergebnis viel schneller hat. Die Antwort ist: Tabellenwerke beschrnken sich auf wenige, meist sehr einfache Schaltungen. Sind bei umfangreicheren Schaltungen die Formeln in den Tabellenwerken nicht mehr enthalten, so muss man eigene Berechnungen durchfhren, die statt im Zeitbereich einfacher und schneller im komplexen Bereich erfolgen. Ist z. B. bei einer einfachen Schaltung das Vorzeichen einer Phasenverschiebung nicht von Interesse, sondern nur deren Absolutwert, so ist gegen eine Verwendung von Formelsammlungen nichts einzuwenden.

c)

$$\varphi = \varphi_{ui} = \angle \underline{U}; \underline{I} = \arctan\frac{\overbrace{I_C}^{\text{Blindanteil}}}{\underbrace{I_R}_{\text{Wirkanteil}}} = \arctan\frac{30\,\text{mA}}{40\,\text{mA}} = \underline{36{,}9°}$$

Die Schaltung zeigt insgesamt kapazitives Verhalten, der Strom eilt der Spannung U um φ voraus. Diese Verschiebung des Stromes gegenber der Spannung ist qualitativ sofort aus der Schaltung ersichtlich, es ist ja nur eine Kapazitt vorhanden und keine Induktivitt.

Entsprechend allgemeiner Vereinbarung msste φ aber negativ sein, wenn der Strom der Spannung vorauseilt. Wir bestimmen den Winkel deshalb noch einmal, jetzt aber mit komplexer Rechnung.

Wie bereits erwhnt ist der Nullphasenwinkel der Spannung $\varphi_u = 0$. Der Nullphasenwinkel des Gesamtstromes $\underline{I} = 40\,\text{mA} + j\,30\,\text{mA}$ ist:

$$\varphi_i = \arctan\frac{30\,\text{mA}}{40\,\text{mA}} = 36{,}9°$$

Aus den Nullphasenwinkeln ergibt sich:

$$\varphi = \varphi_{ui} = \varphi_u - \varphi_i = 0 - 36{,}9° = \underline{-36{,}9°}$$

Es ist $\varphi < 0$, I eilt U voraus, insgesamt liegt kapazitives Verhalten vor.

Wie es auch in Aufgabe 11.19 der Fall war, erhlt man ohne komplexe Rechnung nicht das richtige Vorzeichen des Phasenwinkels.

Alternativ: Der Phasenverschiebungswinkeknnte auch als Winkel des komplexen Widerstandeş der RC-Parallelschaltung berechnet werden.

$$\underline{Z} \; D \; \frac{R \; \frac{1}{j!C}}{R \; C \; \frac{1}{j!C}} \; D \; \frac{R}{1 \; C \; j!RC}$$

Konjugiert komplexes Erweitern und separieren von Real- und Imaginrteil ergibt:

$$\underline{Z} \; D \; \frac{R \; .1 \quad j!RC/}{1 \; C \; !^2R^2C^2} \; D \; \frac{R}{1 \; C \; !^2R^2C^2} \quad j \; \frac{!R \; ^2C}{1 \; C \; !^2R^2C^2}$$

Der Winkel' dieses komplexen Ausdrucks ist: D arctan!RC/ .

Auf anderem Wege hatten wir dieses Ergebnis auch in Aufgabe 11.25 erhalten. Die Frequenz ist gegeben, wir mssen jetzt noch die Werte der Bauelemente berechnen.

$$R \; D \; \frac{230V}{0;04A} \; D \; 5750 \quad I \quad X_C \; D \; \frac{230V}{0;03A} \; D \; 7666;7$$

$$C \; D \; \frac{1}{! \; X_C} \; D \; \frac{1}{2 \quad 50 \quad 7666;7} F \; D \; 0;415 \; F$$

$$!RC \; D \; 2 \quad 50 \quad 0;415 \quad 10 \; ^6 \; D \; 0;749 \quad ' \; D \quad arctan0;749/ \; D \quad \underline{\underline{36;8}}$$

d) Allgemein ist der Strom im Zeitbereich $t/ \; D \; I^O \; sin.!t \; C \; '_i/$.

Der Effektivwert des Gesamtstromes wurde berechnet $z\!D$ 50mA. Sein Nullphasenwinkel ergab sich zu D 36;9 . Mit diesen Werten ist (Faktor $\sqrt{2}$ nicht vergessen):

$$i.t/ \; D \; 50mA \; \sqrt{2} \; sin.!t \; C \; 36;9 /$$

e) Berechnung der Zeitfunktio $i.t/$ im Zeitbereich:

$i_R.t/ \; D \; \sqrt{2} \; 40mA \; sin.!t/ \; D \; a_2 \; sin.!t \; C \; '_2/ \; mit \; '_2 \; D \; 0$

$i_C.t/ \; D \; \sqrt{2} \; 30mA \; sin \; !t \; C \; \frac{}{2} \; D \; a_1 \; sin.!t \; C \; '_1/$

$y_1 \; D \; a_1 \; sin.!t \; C \; '_1/$

$y_2 \; D \; a_2 \; sin.!t \; C \; '_2/$

$y \; D \; y_1 \; C \; y_2 \; D \; a \; sin.!t \; C \; '/$

mit $a^2 \; D \; a_1^2 \; C \; a_2^2 \; C \; 2 \quad a_1 \quad a_2 \quad cos'_2 \quad '_1/I$

$' \; D \; arctan \; \dfrac{a_1 \; sin.'_1/ \; C \; a_2 \; sin.'_2/}{a_1 \; cos'_1/ \; C \; a_2 \; cos'_2/}$

Lösung

a)

$$\underline{Z}_L = \dfrac{1}{\frac{1}{R_L} + j\omega C_L} = \dfrac{R_L}{1 + j\omega C_L R_L} = \dfrac{R_L(1 - j\omega C_L R_L)}{1 + (\omega C_L R_L)^2}$$

$$\underline{Z}_L = \dfrac{2}{101{,}057} - j\dfrac{20{,}0057}{101{,}057} \quad \Rightarrow \quad \underline{Z}_L = (0{,}0198 - j0{,}198)\,\Omega$$

b) Entsprechend $P = I^2 R$ folgt

$$P_{WL} = \left(\dfrac{|\underline{I}|}{\sqrt{2}}\right)^2 \text{Re}\{\underline{Z}_L\}$$

Der Laststrom ist:

$$\underline{I}_L = \dfrac{U_q}{Z_q + Z_L} = \dfrac{10}{20 + j9{,}990 + 0{,}0198 - j0{,}198}\,A = \dfrac{10}{20{,}0198 + j9{,}792}\,A$$

$$\underline{I}_L = \dfrac{200{,}2 - j97{,}9}{496{,}7}\,A = (0{,}4 - j0{,}2)\,A = 0{,}45\,A \; e^{-j26{,}6}$$

$$P_{WL} = \dfrac{0{,}45^2}{2} \cdot 0{,}0198\,W = \underline{2\,mW}$$

c) Damit der Laststrom I_L rein reell ist, muss die Gesamtimpedanz, welche die Spannungsquelle U_q sieht, ebenfalls rein reell sein. Da der Imaginärteil der Gesamtimpedanz verschwinden muss, besteht die Forderung

$$\omega R L_q + \text{Im}\{\underline{Z}_L\} = 0 \quad \text{mit} \quad \underline{Z}_L = \dfrac{R_L(1 - j\omega C_L R_L)}{1 + (\omega C_L R_L)^2}$$

aus Teilaufgabe a).

Mit der Forderung $\omega R L_q + \text{Im}\{\underline{Z}_L\} = 0$ folgt

$$\omega R L_q - \dfrac{\omega R C_L R_L^2}{1 + (\omega R C_L R_L)^2} = 0:$$

Hauptnenner bilden und Zähler gleich null setzen:

$$\omega R L_q [1 + (\omega R C_L R_L)^2] = \omega R C_L R_L^2 \quad \Rightarrow \quad L_q + L_q (\omega R C_L R_L)^2 = C_L R_L^2$$

Nach f_R auflösen:

$$f_R = \dfrac{1}{2\pi}\sqrt{\dfrac{C_L R_L^2 - L_q}{C_L^2 R_L^2 L_q}} \quad \Rightarrow \quad \underline{f_R = 100\,Hz}$$

a) Wie gro ist der Effektivwert U der Spannung.t/ ?

b) Wie gro ist die Impedanz $\underline{Z}_{LC}$ der Parallelschaltung von Induktivitt und Kapazitt C?

c) Wie gro ist der komplexe Gesamtstrom?

d) Wie lautet der zeitliche Verlauft/ des Gesamtstromes?

e) Zeigt die RLC-Schaltung berwiegend kapazitives oder induktives Verhalten?

Lsung

a) $\varnothing$ D 35; 35534 V; bei Sinusform der Spannung gilt D $\frac{\varnothing}{2}$; $\underline{U}$ D 25V

b)

$$\underline{Z}_{LC} \; D \; \frac{j!L \; \frac{1}{j!C}}{j!L \; C \; \frac{1}{j!C}} \; D \; \frac{j!L}{1 \; ! \; {}^2LC} \; D \; j \; \frac{4000 \; 0;5}{4000^2 \; 0;5 \; 62;5 \; 10^{9} \; C \; 1} \; D \; j \; 4k$$

c) Der gesamte Widerstand der an der Spannungsquelle liegenden Schaltung ist: $\underline{Z}_{ges} \; D \; R \; C \; \underline{Z}_{LC} \; D \; 3k \; C \; j \; 4k$. Damit folgt:

$$\underline{I} \; D \; \frac{25V}{.3 \; C \; 4j/ \; k} \; D \; \frac{25 \; .3 \; 4j/}{3^2 \; C \; 4^2} \; mA \; D \; .3 \; 4j/ \; mA$$

d) Gesucht ist der zeitliche Verlauf/ D I^O sin.!t C '$_i$/. Es ist I^O D j $\underline{I}$ j $\sqrt{2}$.

$$j \underline{I} j \; D \; \sqrt{3^2 \; C \; 4^2} \; mA \; D \; 5 mA | \quad I^O D \; 7;071 mA$$

$\underline{I}$ liegt in der komplexen Ebene im 4. Quadranten, es gilt arctan $\frac{jImj}{jRej}$.

$$'_i \; D \; \arctan \frac{4}{3} \; D \; 53;13 |$$

$$i.t/ \; D \; 7;071 mA \; \sin.4000s^{1} \; t \; 53;13/$$

e) '$_i$ < 0: Der Strom eilt der Spannung nach (er ist im Liniendiagramm aus dem Nullpunkt nach rechts verschoben), die Schaltung zeigt berwiegend induktives Verhalten. Alternativ. '$_{ui}$ D $\underline{Z}_{ges}$ D arctan $\frac{4k}{3k}$ D 53;13; ' D '$_{ui}$ > 0: Der Strom (der Stromzeiger) eilt der Spannung (dem Spannungszeiger) nach, die Schaltung zeigt berwiegend induktives Verhalten.

Aufgabe 11.39

Gegeben ist die Schaltung in Abb. 11.27.

Gegebenu.t/ D $\varnothing$ sin.!t/ mit $\varnothing$ D 2V, f D 1kHz, C D 2 F, L D 10mH, R D 600

a) Geben Sie den komplexen Effektivwertzeiger von u nach Betrag und Phase an.

b) Berechnen Sie die Impedanz $\underline{Z}_{LC}$ der Parallelschaltung von L und C.

c) Wie gro ist der Gesamtstrom I?

d) Wie gro ist der Nullphasenwinkel $_i$ des Gesamtstromes in Grad?

e) Wie lautet die Zeitfunktion $i(t)$? Zeigt die Schaltung an $i(t)$ berwiegend kapazitives oder induktives Verhalten? Begrnden Sie Ihre Antwort.

f) Berechnen Sie die in der Schaltung umgesetzte Scheinleistung S, Wirkleistung P und Blindleistung Q.

Lsung

a) $\hat{U} D$ 25V; bei sinusfrmiger Spannung gilt:

$$U D \frac{\hat{U}}{\sqrt{2}} I \quad \underline{U} D \ 17{,}68 V I \quad '_u D \ 0 \quad \text{oder} \quad \underline{U} D \ 17{,}68 V \ e^{j0}$$

b)

$$\underline{Z}_{LC} D \frac{j!L \ \cdot \frac{1}{j!C}}{j!L \ C \ \frac{1}{j!C}} D \frac{j!L}{! \ ^2LC \ C \ 1} I \quad \underline{Z}_{LC} D j \ \frac{1000 s^{1} \ \cdot 0{,}1H}{.1000 s^{1} \ ^2 \cdot 0{,}1 H \ \cdot 10^{8} F C 1}$$

$$\underline{Z}_{LC} D j \ 100{,}1$$

Wie es bei der Parallelschaltung von zwei Blindwiderstnden sein muss, erhlt man einen reinen Blindwiderstand (ohne Realteil).

$$X_{LC} D j \underline{Z}_{LC} j D \ 100{,}1$$

Es darf also nicht gerechnet werden:

$$X_{LC} D \frac{!L \ \cdot \frac{1}{!C}}{!L \ C \ \frac{1}{!C}} D \frac{!L}{! \ ^2LC \ C \ 1} D \ 99{,}9$$

Dies wrde $X_C \ k \ X_L$ entsprechen. Damit werden allergs nur die Widerstandswerte, aber nicht deren Phasenlage bercksichtigt. Somit erhlt man ein falsches Ergebnis (das hier zufllig nur wenig vom richtigen Ergebnis abweicht).

c) Der gesamte Widerstand der an der Spannungsquelle liegenden Schaltung ist:

$$\underline{Z}_{ges} D R C \underline{Z}_{LC} D \ 1000 \ C j \ 100{,}1 I \quad \underline{I} D \frac{\underline{U}}{\underline{Z}_{ges}} D \frac{17{,}68 V}{.1000 C j \ 100{,}1/}$$

$$I D \frac{U}{j \underline{Z}_{ges} j} D \frac{17{,}68}{\sqrt{1000^{2} \ C \ 100{,}1^{2}}} A D \ 17{,}6 mA$$

Mit $\cos\,\arctan x// D\ p\dfrac{1}{1Cx^2}$ und einem Zwischenschritt folgt:

$$|{}^O_D\ U\ ^p\overline{2}\ \dfrac{\sqrt{\dfrac{1}{R_1^2C\,.!L/\ ^2}C\dfrac{1}{R_2^2}C2\dfrac{R_1}{R_2}}}{R_1^2C\,.!L/\ ^2}}$$

berprfung fr die zwei Grenzflle von $\ !$:

$$!\ !\ 1W\quad |{}^O_D\ |Q_D\ \dfrac{U\ ^p\overline{2}}{R_2}|$$

der Widerstand der Spule wird unendlich gro, es bleibt nur der Strompfad der Brdbrig.

$$!\ !\ 0W{}^O_D\ U\ ^p\overline{2}\ \sqrt{\dfrac{1}{R_1^2}C\dfrac{1}{R_2^2}C\dfrac{2}{R_1\,R_2}}\ D\ U\ ^p\overline{2}\ \sqrt{\dfrac{R_1^2C\,R_2^2C2\,R_1\,R_2}{R_1^2\,R_2^2}}$$

$$|{}^O_D\ U\ ^p\overline{2}\ \sqrt{\dfrac{.R_1\,C\,R_2/^2}{R_1^2\,R_2^2}}\ D\ U\ ^p\overline{2}\ \dfrac{R_1\,C\,R_2}{R_1\,R_2}|$$

der Widerstand der Spule wird null, es bleibt der Leitwert der parallel geschalteten Widerstnde R_1 und R_2 brig.

Fr den Phasenverschiebungswinkel des Gesamtstromes folgt:

$$\sin\,\arctan x// D\ p\dfrac{x}{1C\,x^2}|\qquad \cos\,\arctan x// D\ p\dfrac{1}{1C\,x^2}$$

$$'\ D\quad \arctan@\dfrac{I_2\ p\frac{x}{1Cx^2}}{I_1\,C\,I_2\ p\frac{1}{1Cx^2}}A\ D\quad \arctan\ p\dfrac{I_2\ x}{I_1\ 1C\,x^2\,C\,I_2}\qquad \text{mit } x\ D\ \dfrac{!L}{R_1}$$

$$'\ D\quad \arctan@\dfrac{p\frac{U\,x}{R_2}}{p\frac{U}{R_1^2C.!L/\ ^2}\ \frac{1}{R_1^2C.!L/\ ^2}\ \frac{1}{R_1}C\frac{U}{R_2}}C\dfrac{U}{R_2}A$$

$$'\ D\ \arctan\dfrac{!L}{R_1}\qquad \arctan\dfrac{!L}{R_1\,C\,R_2}$$

berprfung fr erlaubte Grenzflle der Widerstnde:

$$R_2\ !\ 1W\quad '\ D\ \arctan\dfrac{!L}{R_1}\ |$$

dies entspricht der Formel bei der Reihenschaltung von Wirkwiderstand und Spule (R_2 fllt weg).

$$R_1\ !\ 0W\quad D\ \dfrac{}{2}\ \arctan\dfrac{!L}{R_2}\ |$$

mit $'\ D\ \arctan\frac{1}{x}\ D\ \overline{2}\ \arctan x/$ fr $x>0$ folgt:

' D arctan $\frac{R_2}{!L}$; dies entspricht der Formel bei der Parallelschaltung von Wirkwiderstand und Spule.

Da der Nullphasenwinkel der Gesamtspannung null ist, ist der Phasenverschiebungswinkel ' gleich mit dem Nullphasenwinkel des Gesamtstromes Ω '.

Mit I^Ω und ' ¡ ist der gesuchte Gesamtstrom gefunden.

Nun wird die Aufgabe im Frequenzbereich berechnet und der jeweilige Aufwand verglichen.

Wir wissen: Der Winkel $\underline{Z}$ des komplexen Gesamtwiderstandes ist gleich dem Phasenverschiebungswinkel zwischen Spannung und Strom. Der komplexe Gesamtwiderstand zwischen den beiden Anschlussklemmen des Netzwerkes ist:

$$\underline{Z} \, D \, R_2 \, k \, . R_1 \, C \, j!L / \quad D \quad \frac{R_2 \quad . R_1 \, C \, j!L/}{R_1 \, C \, R_2 \, C \, j!L} \quad D \quad \frac{R_1 R_2 \, C \, j!R_2 L}{R_1 \, C \, R_2 \, C \, j!L}$$

Mit $\quad \frac{\underline{Z}_1}{\underline{Z}_2} \, D \, \underline{Z}_1 \quad \underline{Z}_2$ folgt sofort:

$$\underline{Z} \, D \, ' \, D \, '_{ui} \, D \quad . \underline{U} ; I / \, D \, arctan \, \frac{!L}{R_1} \quad arctan \, \frac{!L}{R_1 \, C \, R_2}$$

Dieses Ergebnis stimmt mit dem im Zeitbereich berechneten Ergebnis berein. Der Aufwand hierfr war allerdings erheblich kleiner als unter Verwendung des Zeigerdiagramms.

Um den Strom bestimmen zu knnen, wird der Betrag des komplexen Widerstandes berechnet.

Mit $j\underline{Z}j \, D \, j\frac{\underline{Z}_1}{\underline{Z}_2}j \, D \, \frac{j\underline{Z}_1 j}{j\underline{Z}_2 j}$ folgt:

$$j\underline{Z}j \, D \, Z \, D \, \frac{q}{} \frac{R_1^2 R_2^2 \, C \, !^2 R_2^2 L^2}{. R_1 \, C \, R_2 /^2 \, C \, !^2 L^2} I \quad I^\Omega D \, U \quad \frac{p}{2} \quad \frac{s \quad . R_1 \, C \, R_2 /^2 \, C \, !^2 L^2}{R_1^2 R_2^2 \, C \, !^2 R_2^2 L^2}$$

Durch eine kleine Zwischenrechnung besttigt man leicht, dass dieses Ergebnis mit dem unter Verwendung des Zeigerdiagramms bereinstimmt. Wir sehen, dass eine Berechnung im Frequenzbereich sehr groe Vorteile bringt.

. Die bertragungsfunktion

Aufgabe 11.42
Fr das in Abb. 11.32 dargestellte bertragungsglied ist die bertragungsfunktion $\underline{H} .s/$ mit s D j! zu bestimmen.

. Verstrkungsfaktor, Verstrkungsma, Dmpfungsma

Aufgabe 11.48
Die Eingangsleistung eines Vierpols wird von 1 mW auf eine Ausgangsleistung von 1,0 W verstrkt. Wie gro ist die Leistungsverstrkung in Dezibel und als Linearfaktor?

Lsung
Die Leistungsverstrkung in dB errechnet sich nach $V_{P;dB} = 10\,dB \cdot \lg \frac{P_a}{P_e}$.

$$V_{P;dB} = 10\,dB \cdot \lg \frac{1000\,mW}{1\,mW} = \underline{\underline{30\,dB}}$$

Als Linearfaktor ist die Leistungsverstrkung $V_P = 10^{\frac{30dB}{10dB}} = 10^3 = \underline{\underline{1000}}$ bzw. einfach
$V_P = \frac{1000\,mW}{1\,mW} = \underline{\underline{1000}}$

Aufgabe 11.49
Die Eingangsspannung von 1 mV eines Verstrkers wird auf 2,0 V am Ausgang verstrkt. Wie gro ist die Spannungsverstrkung in dB?

Lsung

$$V_{U;dB} = 20\,dB \cdot \lg \frac{2000\,mV}{1\,mV} = \underline{\underline{66\,dB}}$$

Aufgabe 11.50
Die Eingangsspannung einer Schaltung ist 12 V. Berechnen Sie die Dmpfung a_1 fr eine Ausgangsspannung $U_a = 8\,V$ und die Dmpfung a_2 fr $U_a = 20\,V$.

Lsung

$$a_1 = 20\,dB \cdot \lg \frac{8\,V}{12\,V} = \underline{\underline{-3{,}52\,dB}};\ \text{das Signal wird um 3,52 dB abgeschwcht.}$$

$$a_2 = 20\,dB \cdot \lg \frac{20\,V}{12\,V} = \underline{\underline{+4{,}44\,dB}};\ \text{das Signal wird um 4,44 dB verstrkt.}$$

Aufgabe 11.51
Die Ausgangsspannung eines Vierpols betrgt 3 % der Eingangsspannung. Wie gro ist die Dmpfung a in dB?

Lsung

$$a = 20\,dB \cdot \lg \frac{3}{100} = \underline{\underline{-30{,}46\,dB}}$$

Leistung im Wechselstromkreis

Zusammenfassung

Es werden die verschiedenen Leistungsarten mit ihren Formel- und Einheitenzeichen eingefhrt. Es folgen Berechnungen von Wirkleistung, Blindleistung und Schein-leistung sowie von Leistungsfaktoren und Wirkungsgraden von verschiedenen Ver-brauchern in Wechselstromkreisen. Zur Blindleistungskompensation bei ohmsch-in-duktiven Verbrauchern werden bentigte Kapazittswerte berechnet, um vorgegebene Leistungsfaktoren zu erreichen.

. Grundwissen kurz und bndig

Ein ohmscher Widerstand ist ein Wirkwiderstand (Wrmewirkung, Wirkleistung).
Die Wirkleistung am ohmschen Widerstand ist $P = U \cdot I$.
Als Wirkleistung ist der zeitliche Mittelwert der Augenblicksleistung de niert.
Ein idealer Kondensator und eine ideale Spule nehmen keine Wirkleistung, sondern nur eine Blindleistung auf.
Formelzeichen Wirkleistung P, Einheit: W (Watt).
Formelzeichen Blindleistung Q, Einheit: VAR oder var.
Formelzeichen Scheinleistung S: Einheit: V A.
Wirkleistung P und Blindleistung Q einer Impedanz:

$$P = U \cdot I \cdot \cos\varphi \, , \quad Q = U \cdot I \cdot \sin\varphi$$

De nition der Scheinleistung $S = U \cdot I$ (U, I Effektivwerte), $S = \frac{\hat{U}\hat{I}}{2}$
Beziehungen zwischen Wirk- Blind- und Scheinleistung:

$$P = S \cdot \cos\varphi \, , \quad Q = S \cdot \sin\varphi \, , \quad S^2 = P^2 + Q^2$$

De nition des Leistungsfaktors: $\cos\varphi = \frac{P}{S}$

' Springer Fachmedien Wiesbaden GmbH 2017
L. Stiny, Aufgabensammlung zur Elektrotechnik und Elektrpnik
DOI 10.1007/978-3-658-14381-7_12

Mit einem Phasenschieberkondensator kann an einem ohmsch-induktiven Verbraucher eine Blindleistungskompensation erfolgen.

$$C \ D \ \frac{P}{U^2 \ !} \ \tan'/ \quad \tan'_g /$$

P D Wirkleistung, U D Effektivspannung, D Phasenwinkel ohne, '_g D Phasen-winkel mit C.

. Leistungsberechnungen, Blindleistungskompensation

Aufgabe 12.1

Die Nennleistung eines Elektromotors fr Einphasen-Wechselstrom betrgt 370 Watt. Bei Nennlast nimmt der Motor am Stromnetz (230 V, 50 Hz) einen Strom von 4,2 A auf und hat einen Leistungsfaktor von cos D 0;8. Berechnen Sie

a) die Scheinleistung S,
b) die aufgenommene Wirkleistung P,
c) die Blindleistung Q,
d) den Blindstrom I_b,
e) den Wirkungsgrad.

Lsung

a) S D U I D 230V 4;2A D 966V A

b) P D S cos'/ D 966V A 0;8 D 772;8W

c) cos'/ D 0;8) ' D arccos 0;8/ D 36;9 ; sin.'/ D 0;6
   Q D S sin.'/ D 966V A 0;6 D 579;6var

d) I_b D I sin.'/ D 4;2A 0;6 D 2;52A

e) D $\frac{370W}{772;8W}$ D 0;48

Aufgabe 12.2

Ein Verbraucher ist an die Netzwechselspannung U D 230V angeschlossen. Es iet ein Strom von I D 5A, U eilt I um ' D 40 vor. Wie gro sind

a) Scheinleistung S,
b) Wirkleistung P,
c) Blindleistung Q,
d) Leistungsfaktor cos' ?

Lsung

a) S D U I D 230V 5A D 1150V A

b) P D S cos'/ D 1150V A cos40 / D 881W

b)

$$S = \sqrt{P^2 + Q^2} = \sqrt{9{,}2^2 + 6{,}9^2}\ \text{kVA} = \underline{\underline{11{,}5\,\text{kVA}}}$$

$$I = \frac{S}{U} = \frac{11{,}5 \cdot 10^3\,\text{VA}}{230\,\text{V}} = \underline{\underline{50\,\text{A}}}$$

$$\hat{I} = I \cdot \sqrt{2} = \underline{\underline{70{,}7\,\text{A}}} \qquad \cos\varphi = \frac{P}{S} = \frac{9{,}2}{11{,}5} = \underline{\underline{0{,}8}}$$

$$\varphi = \arccos 0{,}8 = 0{,}64 = \underline{\underline{36{,}9^\circ}}$$

Aufgabe 12.6

Eine Blindleistung von 1 kvar soll kompensiert werden. Die Netzspannung ist 230 V, 50 Hz. Berechnen Sie die Kapazität des Kondensators.

Lösung

$$C = \frac{Q_C}{\omega \cdot U^2} = \frac{1000\,\text{var}}{2\pi \cdot 50\,\text{s}^{-1} \cdot 230\,\text{V}^2} = \underline{\underline{60\,\mu\text{F}}}$$

Aufgabe 12.7

Die Wirkleistungsaufnahme einer Leuchtstofflampe 230 V, 65 W beträgt mit Drosselspule 81 Watt. In der Zuleitung fließt ein Strom von 0,7 A. Durch Parallelkompensation soll der Leistungsfaktor auf 0,95 gebracht werden. Welche Kapazität ist hierzu erforderlich?

Lösung

Phasenwinkel φ_1 ohne Kondensator:

$$\cos\varphi_1 = \frac{P}{U \cdot I} = \frac{81\,\text{W}}{230\,\text{V} \cdot 0{,}7\,\text{A}} = 0{,}5 \qquad \varphi_1 = 60^\circ$$

Phasenwinkel φ_2 mit Kondensator:

$$\cos\varphi_2 = 0{,}95 \qquad \varphi_2 = 18{,}2^\circ$$

$$Q_C = P \cdot (\tan\varphi_1 - \tan\varphi_2) = 81\,\text{W} \cdot (1{,}73 - 0{,}33) = 113{,}4\,\text{var}$$

$$C = \frac{Q_C}{\omega \cdot U^2} = \frac{113{,}4}{2\pi \cdot 50 \cdot 230^2}\,\text{F} = \underline{\underline{6{,}8\,\mu\text{F}}}$$

Aufgabe 12.8

Eine Leuchtstofflampe mit $U = 230\,\text{V}$, 25 W nimmt bei einem Leistungsfaktor $\cos\varphi = 0{,}48$ einen Betriebsstrom von $I = 0{,}3\,\text{A}$ auf. Der Lampe wird ein Kondensator $C = 3{,}8\,\mu\text{F}$ parallel geschaltet. Berechnen Sie

a) die Leistungsaufnahme P der Lampe,
b) die Blindleistung Q_C des Kondensators,
c) den Leistungsfaktor $\cos\varphi_2$ nach der Kompensation,
d) den Strom I_2 nach der Kompensation.

Lsung

a)

$$P = U \cdot I \cdot \cos\varphi = 230V \cdot 0{,}3A \cdot 0{,}48 = \underline{33{,}1W}$$

b)

$$Q_C = \omega C U^2 = 2\pi \cdot 50 \cdot 3{,}8 \cdot 10^{-6} \cdot 230^2 \, var = \underline{\underline{63{,}2var}}$$

c)

$$\varphi_1 = \arccos 0{,}48 = 61{,}32$$

$$\tan\varphi_2 = \frac{P \tan\varphi_1 - Q_C}{P} = \frac{33{,}1W \cdot 1{,}828 - 63{,}2var}{33{,}1W} = 0{,}081$$

$$\varphi_2 = \arctan 0{,}081 = 4{,}63 \mid \quad \underline{\cos\varphi_2 = 0{,}997}$$

d)

$$I_2 = \frac{P}{U \cdot \cos\varphi_2} = \frac{33{,}1}{230 \cdot 0{,}997}A = \underline{\underline{0{,}144A}}$$

Aufgabe 12.9

Zwei induktive Verbraucher werden an der Netzspannung der ffentlichen Spannungsversorgung betrieben. Die Daten der Netzspannung sind $U = 230V$, $f = 50\,Hz$.

Von Verbraucher 1 ist bekannt: $P_1 = 1{,}8kW$, $\cos\varphi_1 = 0{,}6$.

Von Verbraucher 2 ist bekannt: $P_2 = 1{,}2kW$, $Q_2 = 1{,}6\,kvar$.

a) Welche Blindleistung entnimmt Verbraucher 1 aus dem Netz?

b) Wie gro sind Wirk- und Blindleistung, die beide Verbraucher zusammen aus dem Netz beziehen?

Lsung

a) Die Beziehung zwischen Wirk- und Scheinleistung ist $P = S \cdot \cos\varphi$. Die Beziehung zwischen Schein-, Wirk- und Blindleistung ist $S^2 = P^2 + Q^2$. Damit folgt fr die Blindleistung in Verbraucher 1:

$$Q_1 = \sqrt{S_1^2 - P_1^2} = \sqrt{\frac{P_1^2}{\cos^2\varphi_1} - P_1^2} = P_1 \sqrt{\frac{1}{\cos^2\varphi_1} - 1} = \underline{2400var}$$

b) Beide Verbraucher verbrauchen induktive Blindleistung. Die Gesamtleistung erhlt man durch Addition sowohl der Wirkleistungen als auch der Blindleistungen.

$$P = P_1 + P_2 = \underline{3kW} \mid \quad Q = Q_1 + Q_2 = \underline{4\,kvar}$$

Aufgabe 12.10

Ein Elektromotor wird an einer gemessenen Spannung $U = 225V$ betrieben. Die Frequenz betrgt 50 Hz. Der Strom durch den Motor eilt der Spannung nach und wird zu $I = 10A$ gemessen, die gemessene Leistungsaufnahme betrgt 1800Watt.

Wie gro ist der Leistungsfaktor $\cos\varphi$?

Aufgabe 12.12

Eine induktive Last mit dem Leistungsfaktor $\cos\varphi = 0{,}7$ verbraucht 2 kW am 230 Volt Stromnetz. Die Ersatzschaltung der Last ist eine Reihenschaltung eines ohmschen Widerstandes mit dem Wert R und einer idealen Induktivität mit dem Blindwiderstand X.

a) Bestimmen Sie R und X und geben Sie den komplexen Widerstand der Last an.
b) Das Stromnetz habe den komplexen Innenwiderstand $\underline{Z}_N = (0{,}4 + j0{,}25)\Omega$. Wie groß ist der Strom I, wenn die Last eingeschaltet wird?
c) Der Leistungsfaktor soll durch Parallelschalten eines Kondensators zur Last auf $\cos\varphi_g = 1$ erhöht werden (Blindleistungskompensation). Welchen Wert muss C haben?

Lösung

a) Die Scheinleistung ist $S = \frac{P}{\cos\varphi} = \frac{2000W}{0{,}7} = 2857\,VA$.

Der Effektivwert des Stromes ist $I = \frac{S}{U} = \frac{2857VA}{230V} = 12{,}42A$.

Der Wirkwiderstand R ist somit $R = \frac{P}{I^2} = \frac{2000W}{(12{,}42A)^2} = \underline{12{,}97\,\Omega}$.

Die Blindleistung ist $Q = S\sin\varphi = S\sqrt{1-\cos^2\varphi} = 2857\sqrt{1-0{,}7^2} = 2040{,}3\,var$.

Der Blindwiderstand X ist $X = \frac{Q}{I^2} = \frac{2040{,}3var}{(12{,}42A)^2} = \underline{13{,}23\,\Omega}$.

$$\underline{Z}_L = R + jX \qquad \underline{\underline{Z}_L = (12{,}97 + j13{,}23)\Omega}$$

b) Die Widerstände von Stromnetz und Last addieren sich.

$$\underline{Z} = \underline{Z}_L + \underline{Z}_N = (12{,}97 + j13{,}23)\Omega + (0{,}4 + j0{,}25)\Omega = (13{,}37 + j13{,}48)\Omega$$

$$|\underline{Z}| = \sqrt{13{,}37^2 + 13{,}48^2} = 18{,}99\,\Omega \qquad I = \frac{230V}{18{,}99} = \underline{\underline{12{,}11A}}$$

c) Die Formel für C lautet: $C = \frac{P}{U^2\omega}(\tan\varphi - \tan\varphi_g)$

P = Wirkleistung, U = Effektivspannung, φ = Phasenwinkel ohne C, φ_g = Phasenwinkel mit C.

Aus $\cos\varphi = 0{,}7$ folgt $\varphi = \arccos 0{,}7 = 45{,}57°$. Aus $\cos\varphi_g = 1$ folgt $\varphi_g = 0$.

$$\tan 45{,}57° - \tan 0 = 1{,}021 \qquad C = \frac{2000}{230^2 \cdot 2 \cdot 50}\cdot 1{,}021\,F \qquad \underline{\underline{C = 122{,}7\,\mu F}}$$

Aufgabe 12.13

Der ohmsch-induktive Verbraucher in Abb. 12.4 nimmt eine Wirkleistung von $P = 1000W$ auf. Der Leistungsfaktor bei geöffnetem Schalter S ist $\cos\varphi = 0{,}8$.

$$u(t) = \sqrt{2}\cdot 230V\cdot\sin(2\pi\cdot 50 s^{-1}\cdot t)$$ ist die Netzwechselspannung.

Der von der Spannungsquelle gelieferte Gesamtstrom wird bei geöffnetem Schalter S als I und bei geschlossenem Schalter S als I' bezeichnet.

Lösung
a)

$$S = \frac{P}{\cos\varphi} = \frac{100\,W}{0{,}8} = \underline{125\,VA} \qquad Q = S \cdot \sin.\arccos 0{,}8/ = \underline{75\,var}$$

b)

$$C = \frac{P \cdot \tan\varphi}{\omega \cdot U^2} = \frac{100\,W \cdot \tan.\arccos 0{,}8/}{2 \cdot 50 s^{-1} \cdot .400\,V/^2} = 1{,}49 \cdot 10^{-6}\frac{A \cdot s}{V} = \underline{\underline{1{,}5\ \mu F}}$$

Aufgabe 12.16
Ein Einphasen-Wechselstrommotor hat eine Nennleistung (abgegebene mechanische Leistung) von $P_N = 2{,}2\,kW$. Sein Wirkungsgrad beträgt $\eta = 0{,}88$, sein Leistungsfaktor ist $\cos\varphi = 0{,}81$. Der Betrieb erfolgt am Wechselstromnetz mit $U = 230\,V$, $f = 50\,Hz$.

a) Welchen Strom nimmt der Motor auf?
b) Durch einen parallel zum Motor geschalteten Kondensator zur Blindleistungskompensation soll der Leistungsfaktor auf $\cos\varphi' = 0{,}92$ verbessert werden. Welchen Kapazitätswert muss der Kondensator haben? Welchen Strom nimmt dann der Motor auf?

Lösung
a) Die vom Motor aufgenommene elektrische Leistung ist:

$$P = \frac{P_N}{\eta} = \frac{2{,}2\,kW}{0{,}88} = 2{,}5\,kW. \text{ Der Strom folgt aus } P = U \cdot I \cdot \cos\varphi \Rightarrow$$

$$I = \frac{P}{U \cdot \cos\varphi} = \frac{2{,}5 \cdot 10^3\,W}{230\,V \cdot 0{,}81} = \underline{\underline{13{,}4\,A}}$$

b)

$$C = \frac{P \cdot (\tan\varphi - \tan\varphi')}{\omega \cdot U^2}$$

$$C = \frac{2{,}5 \cdot 10^3\,W \cdot (\tan.\arccos 0{,}81/ - \tan.\arccos 0{,}92/)}{2 \cdot 50 s^{-1} \cdot .230\,V/^2} = 44{,}8 \cdot 10^{-6}\frac{A \cdot s}{V}$$

$$= \underline{\underline{44{,}8\ \mu F}}$$

$$I' = \frac{P}{U \cdot \cos\varphi'} = \frac{2{,}5 \cdot 10^3\,W}{230\,V \cdot 0{,}92} = \underline{\underline{11{,}8\,A}}$$

Aufgabe 12.17
Ein ohmsch-induktiver Verbraucher wird durch die in Abb. 12.6 angegebene Ersatzschaltung beschrieben. Der Verbraucher entnimmt dem Wechselstromnetz mit $U = 230\,V$, $f = 50\,Hz$ die Wirkleistung $P = 2{,}0\,kW$. Der Leistungsfaktor ist $\cos\varphi = 0{,}5$.

a) Wie groß sind Scheinleistung S und Blindleistung Q?
b) Wie groß ist der Strom I?

Aus den Winkelbeziehungen folgt:

$$G = Y\,\cos\varphi \mid R = \frac{1}{G} = \frac{1}{Y\,\cos\varphi} = \frac{1}{1{,}42\cdot 10^{-2}\cdot 0{,}8} = \underline{\underline{88}}\ \Omega$$

$$\frac{1}{\omega L} = Y\,\sin\varphi$$

$$L = \frac{1}{\omega\,Y\,\sin\varphi} = \frac{1}{2\pi\cdot 50\,s^{-1}\cdot 1{,}42\cdot 10^{-2}\cdot \sin(\arccos 0{,}8)} = \underline{\underline{0{,}37\,H}}$$

Transformatoren (bertrager)

Zusammenfassung

Begonnen wird mit einfachen Berechnungen beim idealen Transformator bzw. bertrager ohne Verluste. Durch die Einfhrung der Gegeninduktivitt und des Kopplungs-
faktors wird das Ersatzschaltbild des Transformators vollstndiger. Aus Messungen
bei Leerlauf und Kurzschluss ergeben sich die Bedeutung spezieller Betriebsarten. Die
Betrachtung verschiedener Verlustarten und die ˝nderung von Parametern in Abhngigkeit der Temperatur ergeben ergnzende Berechnungen.

. Grundwissen kurz und bndig

Ein Transformator beruht auf dem Prinzip magnetisch gekoppelter Spulen. Er besteht
aus Primr- und Sekundrwicklung, welche fest (Eisenkern) oder lose gekoppelt sind.
Je nach Einsatz spricht man vom Transformator (Energiebertragung) oder bertrager
(Nachrichtentechnik).
Die Polaritt der Ausgangsspannung ist vom Windungssinn der Primr- und Sekundr-
wicklung abhngig.
Fr den idealen bertrager gelten folgende Formeln:

$$\frac{U_1}{U_2} = \frac{N_1}{N_2} \, ; \quad \frac{U_1}{U_2} = \sqrt{\frac{L_1}{L_2}} \, ; \quad \frac{I_1}{I_2} = \frac{N_2}{N_1} = \frac{U_2}{U_1} = \frac{1}{\ddot{u}}$$

$$R_1 = \ddot{u}^2 \, R_2 = \left(\frac{N_1}{N_2}\right)^2 R_2 \, ; \quad \ddot{u} = \sqrt{\frac{R_1}{R_2}}$$

Beim bertrager mit Streuung besteht zwischen der Gegeninduktivitt und dem Kopplungsfaktor die Beziehung $M = k \sqrt{L_1 L_2}$
Definition des Streufaktors: $\sigma = 1 - k^2 = 1 - \frac{M^2}{L_1 L_2}$

' Springer Fachmedien Wiesbaden GmbH 2017
L. Stiny, Aufgabensammlung zur Elektrotechnik und Elektronik
DOI 10.1007/978-3-658-14381-7_13

Ein realer Übertrager bildet einen Bandpass, tiefe und hohe Frequenzen werden gedämpft, während mittlere Frequenzen fast ungedämpft übertragen werden.

Transformatorenhauptgleichung: $U_1 = 4{,}44 \, N_1 \, f \, \hat{B} \, A_{Fe}$, $U_2 = 4{,}44 \, N_2 \, f \, \hat{B} \, A_{Fe}$

Transformation der sekundärseitigen Abschlussimpedanz auf die Primärseite: $\underline{Z}_1 = \ddot{u}^2 \, \underline{Z}_2$

Transformatorverluste teilt man ein in Kupferverluste (Wicklungsverluste) und Eisenverluste (Kernverluste).

Die Eisenverluste werden in Wirbelstromverluste, Hystereseverluste und in Streuverluste unterteilt.

Im Ersatzschaltbild des Transformators werden Kupferverluste durch ohmsche Widerstände in Reihe zu Primär- und Sekundärspule berücksichtigt.

Eisenverluste (Wirbelstrom-, Hysterese- und Streuverluste) werden im Ersatzschaltbild des Transformators durch einen Widerstand R_{Fe} repräsentiert.

Das M-Ersatzschaltbild wird häufig für den verlustlosen Übertrager mit kleiner Streuung eingesetzt.

Das L-Ersatzschaltbild wird bei hohen Spannungen und großen Streuungen verwendet.

Im Ersatzschaltbild des Transformators werden sekundärseitige Größen häufig auf die Primärseite umgerechnet.

Das vollständige Ersatzschaltbild des realen Transformators wird häufig benutzt. Die Elemente dieses Ersatzschaltbildes können durch Messungen (Leerlaufversuch und Kurzschlussversuch) bestimmt werden.

Leerlaufversuch: Messung von Eingangsstrom (Leerlaufstrom I_{10}) und der primärseitig aufgenommenen Wirkleistung (Leerlaufwirkleistung P_{10}). Die gemessene Leerlaufwirkleistung P_{10} entspricht ungefähr den Eisenverlusten. Bestimmung von Eisenverlustwiderstand R_{Fe} und Blindwiderstand X_h der Hauptinduktivität.

Durch die Eisenverluste bedingter Strom: $I_{Fe} = \dfrac{P_{10}}{U_{1N}}$.

Ersatzwiderstand R_{Fe} zur Berücksichtigung der Eisenverluste:

$$R_{Fe} = \frac{U_{1N}}{I_{Fe}} = \frac{U_{1N}^2}{P_{10}}:$$

Blindwiderstand X_h der Hauptinduktivität:

$$X_h = \omega \, L_h = \frac{U_{1N}}{I_\mu} = \frac{U_{1N}^2}{Q_{10}}; \quad X_h = \frac{U_{1N}^2}{Q_{10}} = \frac{U_{1N}^2}{\sqrt{S_{10}^2 - P_{10}^2}} = \frac{U_{1N}^2}{\sqrt{(U_{1N} \, I_{10})^2 - P_{10}^2}}:$$

Primärinduktivität: $L_1 = \dfrac{U_{1N}}{\omega \, I_1}$.

Leerlaufleistungsfaktor:

$$\cos\varphi_{10} = \frac{P_{10}}{S_{10}} = \frac{P_{10}}{U_{1N} \, I_{10}} = \frac{I_{Fe}}{I_{10}}:$$

Mögliche Darstellungen der Größen mit dem Leerlaufleistungsfaktor:

$$R_{Fe} = \frac{U_{1N}}{I_{10}\,\cos\varphi_{10}}; \quad X_h = \frac{U_{1N}}{I_{10}\,\sin\varphi_{10}}; \quad I_{Fe} = I_{10}\,\cos\varphi_{10};$$

$$I_\mu = I_{10}\,\sin\varphi_{10}; \quad P_{10} = P_{Fe} = U_{1N}\,I_{10}\,\cos\varphi_{10}$$

Kurzschlussversuch: Primärseitige Messung der Kurzschlussspannung U_{1K}, des Kurzschlussstromes $I_{1N} = I_{1K}$ und der aufgenommenen Kurzschlusswirkleistung P_{1K}. Bestimmung der Wicklungswiderstände der Drähte und der Blindwiderstände der Streuinduktivitäten.

Kurzschlussleistungsfaktor:

$$\cos\varphi_{1K} = \frac{P_{1K}}{U_{1K}\,I_{1N}} = \frac{R_K\,I_{1N}^2}{U_{1K}\,I_{1N}} = \frac{R_K}{U_{1K=I_{1N}}} = \frac{U_R}{U_{1K}} = \frac{R_K}{Z_{1K}};$$

Relative Kurzschlussspannung: $u_K = \frac{U_{1K}}{U_{1N}}\,100\%$.

Kurzschlusswiderstand: $R_K = Z_{1K}\,\cos\varphi_{1K}$.

Kurzschlussblindwiderstand: $X_\sigma = Z_{1K}\,\sin\varphi_{1K} = \sqrt{Z_{1K}^2 - R_K^2}$.

Übliche Transformatorauslegungen: $R_1 = R_2^0 = \ddot{u}^2\,R_2, X_{1\sigma} = X_{2\sigma}^0 = \ddot{u}^2\,X_{2\sigma}$.

Widerstand der Primärwicklung: $R_1 = \frac{R_K}{2}$.

Widerstand der Sekundärwicklung: $R_2 = \frac{R_K}{2\,\ddot{u}^2}$.

Streublindwiderstand im Primärkreis: $X_{1\sigma} = \frac{X_\sigma}{2}$.

Streublindwiderstand im Sekundärkreis: $X_{2\sigma} = \frac{X_\sigma}{2\,\ddot{u}^2}$.

Dauerkurzschlussstrom:

$$I_{KN} = \frac{U_{1N}}{Z_{1K}}; \quad I_{KN} = \frac{I_{1N}}{u_K};$$

Gemessene Kurzschlusswirkleistung ist näherungsweise gleich den Stromwärmeverlusten in den Wicklungen im Nennbetrieb: $P_{1K} = I_{1K}^2\,R_K = I_{1N}^2\,.(R_1 + R_2^0) = U_{1K}\,I_{1N}\,\cos\varphi_{1K}$.

Widerstand R_K: $R_K = R_1 + R_2^0 = \frac{P_{1K}}{I_{1K}^2}$.

Streublindwiderstand:

$$X_\sigma = \omega\,.(L_{1\sigma} + \ddot{u}^2 L_{2\sigma}) = \frac{\sqrt{.U_{1K}\,I_{1K}/^2 - P_{1K}^2}}{I_{1K}^2};$$

Näherungsweise Berechnung der Spannungsänderung eines Transformators unter Belastung: $U^0 = U_{1N} - U_2^0 = U_R\,\cos\varphi_2 + U_X\,\sin\varphi_2$.

Spannungsabfall $\Delta U = \frac{\Delta U^0}{\ddot{u}}$.

Wirkungsgrad eines Transformators ist für jeden Arbeitspunkt:

$$\eta = \frac{P_{ab}}{P_{ab} + P_{Fe} + P_{Cu}} = \frac{P_{ab}}{P_{ab} + P_{Fe}\left(\frac{U}{U_{1N}}\right)^2 + P_{Cu}\left(\frac{I}{I_{1N}}\right)^2}$$

. Transformator, Berechnungen und Messungen

Aufgabe 13.1

Einem Einphasen-Schweitransformator kann ein Strom von hchstens 130 A entnommen werden. Die Eingangswicklung hat 390, die Ausgangswicklung 75 Windungen.

Wie gro ist der Strom in der Zuleitung?

Lsung

$$I_1 D \frac{N_2}{N_1} \quad I_2 D \frac{75}{390} \quad 130A D \underline{25A}$$

Aufgabe 13.2

Ein idealer Transformator hat das bersetzungsverhltnis D 20. An der Sekundrseite ist ein ohmscher Widerstand R_2 D 6 angeschlossen. Wie gro ist der Widerstand R_1 an den Eingangsklemmen des Transformators?

Lsung

$$R_1 D {}^2 R_2I \quad \underline{R_1 D 2400}$$

Aufgabe 13.3

An der Sekundrseite eines idealen Transformators ist ein ohmscher Widerstand D 5 angeschlossen. Die Ausgangsspannung betrgt U_2 D 10V, der Ausgangsstrom ist I_2 D 2;0A. Das bersetzungsverhltnis ist D 10. Wie gro sind Spannung U_1, Strom I_1 und Widerstand R_1 an der Primrseite?

Lsung

$$U_1 D \quad U_2 D 10 \quad 10V D \underline{100V}$$

$$I_1 D \frac{1}{} \quad I_2 D \frac{1}{10} \quad 2;0A D \underline{0;2A}$$

$$R_1 D \frac{U_1}{I_1} D \frac{100V}{0;2A} D \underline{500} \quad \text{oder} R_1 D {}^2 R_2 D 100 \quad 5 \quad D \underline{500}$$

Aufgabe 13.4

Ein Lautsprecher mit der ohmschen Impedanz D 4 soll an einem Verstrker mit dem Ausgangswiderstand R_a D 2500 betrieben werden. Welches Windungsverhltnis muss der Ausgangsbertrager des Verstrkers haben?

Lsung

$$\frac{N_1}{N_2} D \sqrt{\frac{R_a}{R}} D \sqrt{\frac{2500}{4}} D \underline{\underline{25}}$$

Aufgabe 13.5

Einem idealen Transformator $230=24V$ wird auf der Sekundärseite ein Strom von $I_2 =$ 5,0A entnommen.

a) Wie groß ist der Primärstrom I_1?
b) Wie groß ist die Belastung des Transformators?
c) Wie ist der Drahtquerschnitt der Primärwicklung im Verhältnis zur Sekundärwicklung zu wählen?

Lösung
a)

$$I_1 = I_2 \frac{U_2}{U_1} \quad I_1 = 5{,}0A \cdot \frac{24V}{230V} \quad \underline{\underline{I_1 = 0{,}52A}}$$

b) Für die Belastung eines Transformators ist die Scheinleistung S des Verbrauchers maßgebend, weil die Größen der Ströme, die den Transformator erwärmen, von S abhängen. Die Belastung wird in VA angegeben. Die übertragene Scheinleistung ist:

$$S = U_2 \cdot I_2 = 24V \cdot 5{,}0A \quad \underline{\underline{S = 120VA}}$$

c) Der Strom auf der Primärseite ist niedriger als auf der Sekundärseite. Der Drahtquerschnitt der Primärwicklung kann deshalb im Verhältnis zur Sekundärwicklung kleiner gewählt werden.

Aufgabe 13.6

Eine sinusförmige Spannungsquelle mit den Daten $U_e = 10{,}0V$, $f = 50Hz$, $R_i = 100\Omega$ speist die Primärseite eines idealen Übertragers mit $N_1 = 270$ Windungen. Die Sekundärseite des Übertragers mit $N_2 = 90$ Windungen ist mit einem ohmschen Widerstand $R_a = 100\Omega$ abgeschlossen.

a) Wie groß ist die Ausgangsspannung U_2 des Übertragers?
b) Wie groß ist der Strom I_a durch R_a auf der Sekundärseite?
c) Wie groß ist der Strom I_1 auf der Primärseite?
d) Wie groß müsste R_a sein, damit Leistungsanpassung vorliegt?
e) Um wie viel Prozent ist die in $R_a = 100\Omega$ verbrauchte Leistung geringer als sie bei Leistungsanpassung maximal sein könnte?

Lösung
a) Mit

$$ü = \frac{N_1}{N_2} = \frac{270}{90} = 3 \text{ und } U_2 = \frac{U_e}{ü} = U_1 \frac{R_a}{R_i + ü^2 R_a}$$

berechnet sich U_2 zu:

$$U_2 = U_1 \frac{R_a}{R_i + ü^2 R_a} = 10V \cdot \frac{3 \cdot 100}{100 + 3^2 \cdot 100} \quad \underline{\underline{U_2 = 3{,}0V}}$$

b)

$$I_a = \frac{U_2}{R_a} = \frac{3{,}0\,V}{100} \quad \underline{\underline{I_a = 30{,}0\,mA}}$$

c)

$$I_1 = \frac{I_a}{3} = \frac{30{,}0\,mA}{3} = \underline{\underline{10{,}0\,mA}}$$

$$\text{oder}\, I_1 = \frac{U_1}{R_i + \ddot{u}^2 \, R_a} = \frac{10V}{100 + 3^2 \cdot 100} = \underline{\underline{10{,}0\,mA}}$$

d) Für Leistungsanpassung muss der Lastwiderstand gleich dem Innenwiderstand der Quelle sein. Als Lastwiderstand erscheint der Abschlusswiderstand R_a mit $\ddot{u}^2$ transformiert auf der Primärseite. Es muss gelten:

$$\ddot{u}^2 \, R_a = R_i. \; \text{Somit:}\, R_a = \frac{R_i}{\ddot{u}^2} = \frac{100}{3^2}:$$

Für $R_a = 11{,}1\,\Omega$ liegt Leistungsanpassung vor.

e) Die in $R_a = 100\,\Omega$ verbrauchte Leistung ist:

$$P_a = U_2 \cdot I_a = 3{,}0V \cdot 30{,}0\,mA = 90\,mW$$

Für $R_a = 11{,}1\,\Omega$ errechnen sich die Werte:

$$U_2 = 1{,}66V \; \text{und}\, I_a = 150\,mA:$$

$$P_{a;max} = 1{,}66V \cdot 0{,}15A = 250\,mW$$

$$\frac{P_{a;max} - P_a}{P_{a;max}} = \frac{250\,mW - 90\,mW}{250\,mW} = 0{,}64$$

Für $R_a = 100\,\Omega$ ist die in R_a verbrauchte Leistung um 64% niedriger als bei Leistungsanpassung mit $R_a = 11{,}1\,\Omega$.

Aufgabe 13.7

Zwei magnetisch gekoppelte Spulen ohne ferromagnetischem Material werden als Lufttransformator bezeichnet. Berechnen Sie der Schaltung in Abb. 13.1 die Ströme $i_1(t)$ und $i_2(t)$, Schein-, Wirk-, und Blindleistung sowie den Leistungsfaktor $\cos\varphi$ am Eingang und den Wirkungsgrad η

Gegeben $u_1(t) = 10V \cdot \sqrt{2} \sin(\omega t)$, $f = 50Hz$, $R_1 = 1\,\Omega$, $R_2 = 2\,\Omega$, $R_a = 10\,\Omega$, $L_1 = 40mH$, $L_2 = 90mH$, Kopplungsfaktor $k = 1$

Lösung

Es wird mit komplexen Größen gerechnet. Die Maschengleichungen ergeben:

$$M_1: \underline{U}_1 = \underline{I}_1 \cdot (R_1 + j\omega L_1) - j\omega M \cdot \underline{I}_2 = 0$$
$$M_2: j\omega M \cdot \underline{I}_1 = \underline{I}_2 \cdot (j\omega L_2 + R_2 + R_a) = 0$$

Aus M_1 mit $\underline{I}_1$ eingesetzt folgt:

$$\underline{I}_2 = 0{,}53j\ A \cdot .1{,}6 \quad 0{,}57j/\ A \cdot .0{,}053j \quad 0{,}67/$$

$$\underline{I}_2 = 0{,}53j\ A \quad 0{,}085j\ A + 1{,}07A \quad 0{,}03A \quad 0{,}38j\ A$$

$$\underline{I}_2 = .1{,}04 + 0{,}066j/\ A = 1{,}04A \quad e^{j3{,}63}$$

Rücktransformation in den Zeitbereich ergibt:

$$i_2.t/ = \overset{p}{2}\ 1{,}04A \quad \sin.!t \ + 3{,}63/$$

Am Eingang ist

die Scheinleistung: $S = U \cdot I = 10V \cdot 1{,}70A = \underline{17{,}0VA}$,
die Wirkleistung: $P = S \cdot \cos 19{,}7 / = \underline{16{,}0W}$,
die Blindleistung: $Q = S \cdot \sin .19{,}7 / = \underline{5{,}7var}$,
der Leistungsfaktor: $\cos = \cos 19{,}7 / = \underline{0{,}94}$

Der Wirkungsgrad ist

$$= \frac{P_{ab}}{P_{zu}} = \frac{I_2^2\ R_a}{P} = \frac{.1{,}04A/^2 \cdot 10}{16{,}0W} = \underline{0{,}68}$$

Aufgabe 13.8
Ein Widerstand von $R = 100$ soll eine Leistung von $P = 10kW$ aufnehmen. Der Widerstand wird über einen idealen Transformator an das Wechselstromnetz (230 V, 50 Hz) angeschlossen. Wie groß ist bei einer primären Windungszahl $N_1 = 1000$ die Windungszahl N_2 der Sekundärseite zu wählen?

Lösung
Der ideale Transformator ist verlustfrei. Zuerst wird die für die gegebene Leistungsaufnahme benötigte Sekundärspannung U_2 bestimmt.

$$\text{Aus } P = \frac{U_2^2}{R} \text{ folgt } U_2 = \overset{p}{\sqrt{P \cdot R}} = \overset{p}{\sqrt{1000W \cdot 100}} = 1000V$$

Die Windungszahl N_2 ergibt sich aus dem Übersetzungsverhältnis.

$$\frac{N_1}{N_2} = \frac{U_1}{U_2}! \quad N_2 = \frac{N_1 \cdot U_2}{U_1} = \frac{1000 \cdot 1000V}{230V} = 4347{,}8$$

Da nur ganzzahlige Windungszahlen möglich sind, wird gerundet. $N_2 = \underline{4348}$

Aufgabe 13.9

Auf dem Typenschild eines Transformators stehen folgende Daten:

Bemessungsspannung: 6000 V/230 V
Bemessungsstrom: 3,44 A/87 A
Bemessungsleistung: 20 kVA
Frequenz: 50 Hz

Bei einem Leerlaufversuch wird der Leerlaufstrom $I_{10} = 0{,}15\,A$ und die aufgenommene Leerlaufwirkleistung $P_{10} = 180\,W$ gemessen.

Zu verifizieren ist, dass bei vernachlässigbaren Verlusten für die Scheinleistung gilt: $S_N = U_{1N} \cdot I_{1N} = U_{2N} \cdot I_{2N}$.

Zu berechnen sind: Phasenverschiebungswinkel φ, Eisenverlustwiderstand R_{Fe}, Hauptreaktanz X_h und Hauptinduktivität L_h.

Lösung

Die primärseitige Scheinleistung ist:

$$S_{1N} = U_{1N} \cdot I_{1N} = 6000V \cdot 3{,}44A = 20{.}640VA$$

Die sekundärseitige Scheinleistung ist:

$$S_{2N} = U_{2N} \cdot I_{2N} = 230V \cdot 87A = 20{.}010VA$$

Beide Werte liegen nahe an der angegebenen Bemessungsleistung $S_N = 20\,kVA$.

$$\cos\varphi_{10} = \frac{P_{10}}{U_{1N} \cdot I_{10}} = \frac{180W}{6000V \cdot 0{,}15A} = 0{,}2 \quad \varphi_{10} = 78{,}46°$$

$$R_{Fe} = \frac{U_{1N}}{I_{10} \cdot \cos\varphi_{10}} = \frac{6000V}{0{,}15A \cdot 0{,}2} = \underline{200k}$$

$$X_h = \frac{U_{1N}}{I_{10} \cdot \sin\varphi_{10}} = \frac{6000V}{0{,}15A \cdot 0{,}9798} = \underline{40{,}8k}$$

$$L_h = \frac{X_h}{2\pi f} = \frac{40{,}8k}{2\pi \cdot 50s^{-1}} = \underline{129{,}9H}$$

Aufgabe 13.10

An einem Transformator werden im Leerlauf folgende Daten gemessen:

$$U_{1N} = 380V; \quad I_{10} = 45mA; \quad P_{10} = 2{,}3W; \quad U_{20} = 225V$$

Zu berechnen sind: Übersetzungsverhältnis, Leerlaufleistungsfaktor $\cos\varphi_{10}$, die Teilströme I_{Fe} und I_μ, die Ersatzwiderstände R_{Fe} und X_h.

Lsung

Der Leerlaufversuch des Transformators zur Ermittlung der Eisenverluste erfolgt bei Betrieb mit Nennspannung.

$$\ddot{u} = \frac{U_{1N}}{U_{20}} = \frac{380V}{225V} = \underline{1{,}69}$$

$$\cos\varphi_{10} = \frac{P_{10}}{U_{1N}\,I_{10}} = \frac{2{,}3W}{380V \cdot 0{,}045A} = \underline{0{,}135}$$

$$I_{Fe} = I_{10}\,\cos\varphi_{10} = 45mA \cdot 0{,}135 = \underline{6{,}08mA}$$

$$I_\mu = I_{10}\,\sin\varphi_{10} = 45mA \cdot \sin(\arccos 0{,}135) = \underline{44{,}59mA}$$

$$R_{Fe} = \frac{U_{1N}}{I_{Fe}} = \frac{380V}{6{,}08mA} = \underline{62{,}5k\Omega}$$

$$X_h = \frac{U_{1N}}{I_\mu} = \frac{380V}{44{,}59mA} = \underline{8522\Omega}$$

Aufgabe 13.11

Von einem Einphasentransformator sind folgende Daten bekannt:

Leerlaufstromverhltnis $i_0 = 2\%$, Leerlau eistungsfaktor $\cos\varphi_{10} = 0{,}1$.

Die Nenndaten des Transformators sind $U_N = 60 = 10kV$, $S_N = 1MVA$, $f_N = 50Hz$.

Wie gro sind der Eisenverlustwiderstand R_{Fe} und die Hauptinduktivitt L_h?

Lsung

$$I_{1N} = \frac{S_N}{U_N} = \frac{1MVA}{60kV} = 16{,}6667A$$

$$i_0 = \frac{I_{10}}{I_{1B}} = 0{,}02 \quad I_{10=2\%} \quad i_0 = \frac{I_{10}}{I_{1N}} \quad I_{10} = i_0 \cdot I_{1B} = 0{,}02 \cdot 16{,}6667A = 1{,}3A$$

$$I_{10} = I_{10=2\%} \quad 50 = 1{,}3A \quad 50 = 16{,}6667A = I_N$$

$$R_{Fe} = \frac{U_{1N}}{I_{10}\,\cos\varphi_{10}} = \frac{60kV}{16{,}6667A \cdot 0{,}1} = \underline{36k\Omega}$$

$$L_h = \frac{X_h}{2\pi f} = \frac{U_{1N}}{2\pi f\,I_{10}\,\sin\varphi_{10}}$$

$$= \frac{60kV}{2\pi \cdot 50s^{-1} \cdot 16{,}6667A \cdot 0{,}995} = \underline{L_h = 11{,}5H}$$

Aufgabe 13.12

An dem verlustlosen Transformator in Abb. 13.3 wurde eine Leerlaufspannungsmessung und eine Kurzschlussstrommessung durchgefhrt. Gemessen wurden:

$$\underline{V}_{UL} = \frac{\underline{U}_2}{\underline{U}_1}\bigg|_{\underline{I}_2=0} = 1 \quad \text{und} \quad \underline{V}_{Ik} = \frac{\underline{I}_2}{\underline{I}_1}\bigg|_{\underline{U}_2=0} = \frac{1}{4}$$

Gleichsetzen und über Kreuz multiplizieren: $2 L_{1\phi} = \frac{1}{2} = L_h$

Nach ϕ aufgelöst:

$$C = \frac{2\,L_{1\phi}}{L_{1\phi}\,C\,L_h}\,I \qquad C = \frac{\frac{1}{10}}{\frac{1}{20}\,C\,10^2\,\frac{1}{20}}\,I \qquad C = \frac{1}{10^3}$$

Aufgabe 13.14

Auf dem Typenschild eines Transformators stehen folgende Daten:

Bemessungsspannung: 6000 V/230 V
Bemessungsstrom: 3,44 A/87 A
Bemessungsleistung: 20 kVA
Relative Kurzschlussspannung: $u_K = 5\%$
Frequenz: 50 Hz

Im Kurzschlussversuch wird die Kurzschlusswirkleistung $P_{1K} = 540W$ gemessen.
Wie groß sind:

a) der Dauerkurzschlussstrom I_{KN},
b) der Phasenverschiebungswinkel φ_{1K},
c) der Kurzschlusswiderstand R_K,
d) die Kurzschlussreaktanz X_ϕ,
e) die Kurzschlussimpedanz Z_{1K}?

Lösung
a)
$$I_{KN} = \frac{I_{1N}}{u_K} = \frac{3{,}44A}{0{,}05} = \underline{\underline{68{,}8A}}$$

b)
$$\cos\varphi_{1K} = \frac{P_{1K}}{U_{1K}\,I_{1N}} \quad \text{mit } U_{1K} = u_K\,U_{1N}$$

$$\varphi_{1K} = \arccos\frac{P_{1K}}{u_K\,U_{1N}\,I_{1N}} = \arccos\frac{540W}{0{,}05\cdot 6000V\cdot 3{,}44A} = \underline{\underline{58{,}5}}$$

c)
$$R_K = \frac{P_{1K}}{I_{1K}^2} = \frac{P_{1K}}{I_{1N}^2} = \frac{540W}{(3{,}44A)^2} = \underline{\underline{45{,}6}}$$

d)
$$X_\phi = \frac{\sqrt{(U_{1K}\,I_{1K})^2 - P_{1K}^2}}{I_{1K}^2} = \frac{\sqrt{(0{,}05\cdot 6000\cdot 3{,}44)^2 - 540^2}}{3{,}44^2} = \underline{\underline{74{,}3}}$$

e)
$$Z_{1K} = \frac{U_{1K}}{I_{1N}} = \frac{U_{1K}}{I_{1K}} = \frac{0{,}05\cdot 6000V}{3{,}44A} = \underline{\underline{87{,}2}}$$

Aufgabe 13.15

An einem Transformator mit der primärseitigen Bemessungsspannung U_{1B} = 230V =50Hz werden im Kurzschlussversuch bei dem primärseitigen Bemessungsstrom I_{1B} = 0,84A und dem sekundärseitigen Bemessungsstrom I_{2B} = I_{2K} = 6,0A die Kurzschlussspannung U_{1K} = 26,5V und die Kurzschlusswirkleistung P_{1K} = 22W gemessen.

Ermittelt werden sollen:

a) die relative Kurzschlussspannung u_K,
b) der Kurzschlussleistungsfaktor $\cos\varphi_K$,
c) die Kurzschlussimpedanz Z_{1K},
d) die Kupferersatzwiderstnde R_1 = R_2^0,
e) die Kurzschlussreaktanz X_φ,
f) das Übersetzungsverhältnis ü.

Lösung

a)

$$u_K = \frac{U_{1K}}{U_{1N}} = \frac{26,5V}{230V} = 0,12 \quad \underline{\underline{u_K = 12\%}}$$

b)

$$\cos\varphi_{1K} = \frac{P_{1K}}{U_{1K}\, I_{1N}} = \frac{22W}{26,5V \cdot 0,84A} = \underline{\underline{0,988}}$$

c)

$$Z_{1K} = \frac{U_{1K}}{I_{1N}} = \frac{U_{1K}}{I_{1K}} = \frac{26,5V}{0,84A} = \underline{\underline{31,55}}$$

d)

$$R_1 = R_2^0 = \frac{R_K}{2} = \frac{1}{2}\, Z_{1K}\, \cos\varphi_{1K} = 0,5 \cdot 31,55 \cdot 0,988 = \underline{\underline{15,6}}$$

e)

$$X_\varphi = Z_{1K}\, \sin\varphi_{1K} = 31,55 \cdot \sin\arccos 0,988 = \underline{\underline{4,87}}$$

f)

$$ü = \frac{N_2}{N_1} = \frac{U_2}{U_1} = \frac{I_{2B}}{I_{1B}} = \frac{6,0A}{0,84A} = \underline{\underline{7,14}}$$

Aufgabe 13.16

Die Kupferverluste eines Transformators wurden bei einer Temperatur von $\vartheta = 20°C$ $P_{1K;20} = 125W$ gemessen. Welcher Wert $P_{1K;75}$ ergibt sich, wenn der Messwert auf einen betriebswarmen Zustand mit $75°C$ umgerechnet wird?

Lösung

Der Temperaturkoeffizient von Kupfer ist $\alpha_{20} = 3{,}93 \cdot 10^{-3} \, K^{-1}$.

$$P_{1K;75} = P_{1K;20} \left(1 + \alpha_{20} \cdot (75 - 20)/K \right)$$

$$P_{1K;75} = 125W \left(1 + 3{,}93 \cdot 10^{-3} \frac{1}{K} \cdot 55K \right) = \underline{\underline{152W}}$$

Schwingkreise

Zusammenfassung

Zuerst werden Berechnungen beim Reihenschwingkreis mit Verlusten durchgefhrt.
Der Zustand der Resonanz mit den zugehrigen Gren der Parameter wird besonders
beachtet. Die Konstruktion von Zeigerdiagrammen erhht den berblick und das Verstndnis der Betriebsbedingungen. Die komplexe Rechnung dient hier und auch bei den
anschlieenden Berechnungen beim Parallelschwingkreis mit Verlusten als Hilfsmittel
zur einfachen Schaltungsanalyse. Die Bestimmung der Resonanzfrequenz allgemeiner,
aus Widerstnden, Kondensatoren und Spulen zusammengesetzter Schaltungen, rundet
das Thema ab.

.   Grundwissen kurz und bndig

Bei einem Schwingkreis wird periodisch eine Energieform in eine andere Energieform
umgewandelt.
Ein elektrischer Schwingkreis besteht aus mindestens einer Induktivitt und einer Kapazitt.
Bei Resonanz gilt bei jedem Schwingkreis:
    induktiver und kapazitiver Widerstand sind gleich gro,
    Strom und Spannung sind in Phase,
    der Resonanzwiderstand ist ein ohmscher Widerstand (Wirkwiderstand).
Thomson-Gleichung zur Berechnung der Eigenkreisfrequenz (oft als Resonanzkreisfrequenz ω_r bezeichnet)! $\omega_0 = \dfrac{1}{\sqrt{LC}}$
Allgemeine Ermittlung der Resonanzfrequenz einer Schaltung: Komplexen Widerstand
(oder Leitwert) berechnen, Imaginrteil null setzen und nach der Frequenz au sen.

' Springer Fachmedien Wiesbaden GmbH 2017
L. Stiny, Aufgabensammlung zur Elektrotechnik und Elektrpnik
DOI 10.1007/978-3-658-14381-7_14

Aufgabe 14.5

Ein Kondensator $C = 2\,F$ ist mit einer Spule $L = 2{,}5H$ in Reihe geschaltet. Die Spule hat einen Wicklungswiderstand von $R = 120$. Die Reihenschaltung ist an eine sinusförmige Spannungsquelle $U = 24V$, 50 Hz angeschlossen. Berechnen Sie

a) den Scheinwiderstand Z,
b) den Strom I,
c) den Leistungsfaktor $\cos\varphi$,
d) die Resonanzfrequenz f_0,
e) den Gütefaktor Q des Reihenschwingkreises.

Lösung
a) Die Impedanz der Reihenschaltung ist

$$\underline{Z} = R + j\omega L + \frac{1}{j\omega C} = R + j\left(\omega L - \frac{1}{\omega C}\right):$$

Der Scheinwiderstand ist der Betrag der Impedanz.

$$|\underline{Z}| = \sqrt{R^2 + \left(\omega L - \frac{1}{\omega C}\right)^2}$$

$$|\underline{Z}| = \sqrt{120^2 + \left(2\pi\cdot 50\cdot 2{,}5 - \frac{1}{2\pi\cdot 50\cdot 2\cdot 10^{-6}}\right)^2}$$

$$Z = |\underline{Z}| = 815$$

b)

$$I = \frac{U}{Z} = \frac{24V}{815} = 29{,}5mA$$

c)

$$\cos\varphi = \frac{R}{Z} = \frac{120}{815} = 0{,}147$$

d)

$$f_0 = \frac{1}{2\pi\sqrt{LC}} = \frac{1}{2\pi\sqrt{2{,}5\cdot 2\cdot 10^{-6}}}\,Hz \qquad f_0 = 71{,}2Hz$$

e)

$$Q = \frac{1}{R}\sqrt{\frac{L}{C}} = \frac{1}{120}\sqrt{\frac{2{,}5}{2\cdot 10^{-6}}} \qquad Q = 9{,}3$$

Aufgabe 14.6

Ein Wechselstromrelais mit dem Wicklungswiderstand $R = 20k$ hat einen Ansprechstrom von $I = 4mA$. Dazu muss es an eine Spannung von $U = 140V$, 50 Hz angeschlossen werden. Damit der Ansprechstrom bereits bei $U_2 = 100V$ erreicht wird, muss ein Kondensator in Reihe geschaltet werden. Berechnen Sie die nötige Kapazität des Kondensators.

e) Wie groß sind Betrag $|\underline{I}|$ und Winkel φ_i (der Nullphasenwinkel) des komplexen Gesamtstromes $\underline{I}$? Geben Sie $\underline{I}$ in der Exponentialform an.

f) Geben Sie den zeitlichen Verlauf i des Gesamtstromes an.

g) Bestimmen Sie die Impedanz $\underline{Z}(\omega)$. Wie groß ist $Z(\omega)$ bei der Kreisfrequenz $\omega = 1000\,s^{-1}$?

h) Berechnen Sie den Phasenverschiebungswinkel zwischen Spannung und Strom in Grad bei der Kreisfrequenz $\omega = 1000\,s^{-1}$. Zeigt die Schaltung bei dieser Frequenz überwiegend kapazitives oder induktives Verhalten? Bei welcher Kreisfrequenz zeigt die Schaltung rein ohmsches Verhalten?

Lösung

a) $\varphi_u = 16{,}97056275V$; bei Sinusform der Spannung gilt $\varphi = \frac{\pi}{2}$; $\underline{U} = 12V$

b)
$$\underline{Z}_L = j\omega L = j \cdot 1000\,s^{-1} \cdot 3H = j\,3000\,\Omega \quad X_L = 3000\,\Omega$$

c)
$$\underline{Z}_C = \frac{1}{j\omega C} = \frac{1}{j \cdot 1000\,s^{-1} \cdot 250 \cdot 10^{-9}F} = -j\,4000\,\Omega \quad X_C = 4000\,\Omega$$

d)
$$\underline{I}_R = \frac{12V}{3k\Omega} = 4mA \quad \underline{I}_L = \frac{12V}{j\,3k\Omega} = -j\,4mA$$
$$\underline{I}_C = \frac{12V}{-j\,4k\Omega} = j\,3mA$$
$$|\underline{I}_R| = \frac{12V}{3k\Omega} = 4mA \quad |\underline{I}_L| = \frac{12V}{3k\Omega} = 4mA \quad |\underline{I}_C| = \frac{12V}{4k\Omega} = 3mA$$

e) Der komplexe Gesamtstrom ist die Summe der drei komplexen Teilströme (Kirchhoffsches Gesetz):
$$\underline{I} = \underline{I}_R + \underline{I}_L + \underline{I}_C = 4mA - j\,4mA + j\,3mA = (4 - j)\,mA$$
$$|\underline{I}| = \sqrt{Re^2 + Im^2} = \sqrt{4^2 + 1^2}\,mA = 4{,}123mA$$

Der Zeiger von $\underline{I}$ liegt im 4. Quadranten.
$$\varphi_i = \arctan\frac{Im}{Re} = \arctan\frac{-1}{4} = -14{,}04°$$

Exponentialform $\underline{I} = 4{,}123mA \cdot e^{-j14{,}04°}$

f) Allgemein ist $i(t) = \hat{I}\sin(\omega t + \varphi_i)$; $\hat{I} = |\underline{I}| \cdot \sqrt{2} = 4{,}123 \cdot 1{,}414mA = 5{,}83mA$
$$i(t) = 5{,}83mA \cdot \sin(1000\,s^{-1}\,t - 14{,}04°)$$

g) Die frequenzabhängige Impedanz $\underline{Z}(\omega)$ der RLC-Parallelschaltung ist:

$$\underline{Z}(\omega) = \cfrac{1}{\frac{1}{R} + j\left(\omega C - \frac{1}{\omega L}\right)}$$

Der Betrag bei $\omega = 1000 s^{-1}$ ist:

$$|\underline{Z}(\omega)| = \cfrac{1}{\sqrt{\frac{1}{R^2} + \left(\omega C - \frac{1}{\omega L}\right)^2}}, \quad |\underline{Z}(\omega = 1000 s^{-1})| = 2910{,}4\,\Omega$$

Probe: $|I| = j\frac{12V}{2910{,}4} = 4{,}123\,mA$, i. O., Ergebnis wie in Teilaufgabe e)

h) Aus $\underline{Z}(\omega)$ in Teilaufgabe g) erhalten wir unter Berücksichtigung von

$$\frac{\underline{Z}_1}{\underline{Z}_2} = \underline{Z}_1 \cdot \underline{Z}_2, \quad \varphi = \arctan\left(R\left(\omega C - \frac{1}{\omega L}\right)\right)$$

$$\varphi = \varphi_{ui} = \varphi_U - \varphi_I = \varphi_Z = 14{,}04°$$

Es ist $\varphi > 0$, I eilt also U nach, es liegt insgesamt induktives Verhalten vor.
Probe für den Nullphasenwinkel φ_i:
In der Angabe ist kein Nullphasenwinkel der Spannung angegeben, er ist also null:

$$\varphi_u = \varphi_U = 0$$

Der Nullphasenwinkel des Stromes ist:

$$\varphi_i = \varphi_I = \varphi_{\frac{U}{Z}} = \varphi_U - \varphi_Z = 0 - 14{,}04° = -14{,}04°$$

Dieses Ergebnis stimmt mit dem Ergebnis in Teilaufgabe e) überein.
Rein ohmsches Verhalten zeigt die Schaltung bei der Resonanzkreisfrequenz:

$$\omega_0 = \frac{1}{\sqrt{LC}} = 1154{,}7 s^{-1}$$

Mit diesem Wert der Resonanzkreisfrequenz ist das überwiegend induktive Verhalten bei der Kreisfrequenz $\omega = 1000 s^{-1}$ plausibel: Ein Parallelschwingkreis verhält sich unterhalb der Resonanzfrequenz ohmsch-induktiv und oberhalb der Resonanzfrequenz ohmsch-kapazitiv.

Aufgabe 14.12

Ein ohmscher Widerstand, ein Kondensator und eine reale Spule sind in Abb. 14.11 parallel geschaltet und liegen an einer sinusförmigen Spannungsquelle mit der Kreisfrequenz ω.

Gegeben $R = 10\,\Omega$, $R_L = 2{,}5\,\Omega$, $C = 100\,\mu F$, $L = 5\,mH$, $\omega = 1000 s^{-1}$

Mehrphasensysteme, Drehstrom

Zusammenfassung

Begonnen wird mit der Sternschaltung eines phasigen Drehstromverbrauchers mit Mittelleiter am Dreiphasennetz. Mit der komplexen Rechnung werden die Auenleiterstrme und der Mittelleiterstrom bestimmt. Fortgesetzt werden die Berechnungen bei der Sternschaltung des Verbrauchers ohne Mittelleiter fr unsymmetrische und symmetrische Drehstromverbraucher. Fr die Dreieckschaltung des Verbrauchers werden Auenleiterstrme, Strangstrme und Strangspannungen sowie Strangimpedanzen berechnet. Es folgen Berechnungen zur Leist bei Drehstrom in Sternschaltung und in Dreieckschaltung. Fr die Blindleistungskompensation werden notwendige Kapazittswerte bestimmt.

.   Grundwissen kurz und bndig

Eine einfache Versorgung eines Verbrauchers mit elektrischer Energie erfolgt mit dem Einphasen-Wechselstromnetz (Einphasennetz). Dieses Netz hat bezglich der Energiebertragung erhebliche Nachteile gegenber einem Mehrphasennetz.

In einem offenen Mehrphasensystem werden die Strnge des Generators ohne Bezug zueinander wie einzelne Wechselspannungsquellen mit verschiedenen Phasenlagen betrachtet (nichtverkettetes Mehrphasensystem). In einem verketteten Mehrphasensystem sind die Phasenwicklungen des Generators miteinander verbunden (z. B. in Sternschaltung oder in Ringschaltung). Die Verbraucher knnen ebenfalls entweder in Sternschaltung oder in Ringschaltung geschaltet sein.

Das wichtigste Mehrphasensystem ist das Drehstromnetz.

In einem Drehstromgenerator sind drei Spulen im Winkel von 120 versetzt angebracht. Dadurch sind die drei erzeugten Spannungen um je 120 gegeneinander phasenverschoben.

Ein Drehstromgenerator kann in Stern oder in Dreieck geschaltet werden.

' Springer Fachmedien Wiesbaden GmbH 2017
L. Stiny, Aufgabensammlung zur Elektrotechnik und Elektrpnik
DOI 10.1007/978-3-658-14381-7_15

Man unterscheidet zwischen den Außenleitern (Phasen) und den Strängen. Die Verbindungsleiter der Außenpunkte des Generators und der Außenpunkte des Verbrauchers nennt man Außenleiter (L1, L2, L3). Als Strang wird die in einer Strombahn liegende einzelne Energiequelle bzw. der einzelne Verbraucher bezeichnet.

Es gibt Drei- und Vierleitersysteme.

Im Drehstromnetz sind die Strangspannungen: $\underline{U}_1 = U$, $\underline{U}_2 = U\,e^{j\,120}$, $\underline{U}_3 = U\,e^{j\,240}$.

Drehstromgenerator in Sternschaltung:
Außenleiterspannungen $= \sqrt{3}$ Strangspannungen.

Drehstromgenerator in Dreieckschaltung: Außenleiterspannung = Strangspannungen.

Ein Drehstromverbraucher kann in Stern (mit oder ohne Mittelleiter) oder in Dreieck geschaltet werden.

Verbraucher in Sternschaltung: Leiterströme = Strangströme, Außenleiterspannung $= \sqrt{3}$ Strangspannung.

Verbraucher in Sternschaltung mit Mittelleiter

Spannungen an den Verbraucherwiderständen:

$$\underline{U}_1 = U;\quad \underline{U}_2 = U\,e^{j\,120};\quad \underline{U}_3 = U\,e^{j\,240} = U\,e^{-j\,120}$$

Außenleiterströme: $\underline{I}_1 = \dfrac{\underline{U}_1}{\underline{Z}_1};\ \underline{I}_2 = \dfrac{\underline{U}_2}{\underline{Z}_2};\ I_3 = \dfrac{\underline{U}_3}{\underline{Z}_3}$

Mittelleiterstrom: $\underline{I}_N = \underline{I}_1 + \underline{I}_2 + \underline{I}_3$

Symmetrische Belastung: $\underline{I}_N = \underline{I}_1 + \underline{I}_2 + \underline{I}_3 = 0$, der Mittelleiter kann entfallen.

Verbraucher in Sternschaltung ohne Mittelleiter

Außenleiterströme:

$$\underline{I}_1 = (\underline{U}_1 - \underline{U}_N)\,\underline{Y}_1 \quad \underline{I}_2 = (\underline{U}_2 - \underline{U}_N)\,\underline{Y}_2 \quad I_3 = (\underline{U}_3 - \underline{U}_N)\,\underline{Y}_3$$

Spannung des Drehstromverbraucher-Sternpunktes:

$$\underline{U}_N = \frac{\underline{U}_1\,\underline{Y}_1 + \underline{U}_2\,\underline{Y}_2 + \underline{U}_3\,\underline{Y}_3}{\underline{Y}_1 + \underline{Y}_2 + \underline{Y}_3}$$

mit $\underline{U}_1 = U;\quad \underline{U}_2 = U\,e^{j\,120};\quad \underline{U}_3 = U\,e^{j\,240} = U\,e^{-j\,120}$

Strom in jedem Außenleiter bei symmetrischer Belastung:

$$\underline{I} = \frac{\underline{U}_{Strang}}{\underline{Z}} = \frac{\underline{U}_{Leiter}}{\sqrt{3}\,\underline{Z}}$$

Verbraucher in Dreieckschaltung
Außenleiterspannung = Strangspannung
Strangströme:

$$\underline{I}_{12} = \frac{\underline{U}_{12}}{\underline{Z}_1}\quad \underline{I}_{23} = \frac{\underline{U}_{23}}{\underline{Z}_2}\quad \underline{I}_{31} = \frac{\underline{U}_{31}}{\underline{Z}_3}$$

Außenleiterströme:

$$\underline{I}_1 = \underline{I}_{12} - \underline{I}_{31}; \quad \underline{I}_2 = \underline{I}_{23} - \underline{I}_{12}; \quad \underline{I}_3 = \underline{I}_{31} - \underline{I}_{23}; \quad \underline{I}_1 + \underline{I}_2 + \underline{I}_3 = 0$$

Symmetrische Belastung: $I_{Leiter} = \sqrt{3}\, I_{Strang}$
Strangströme und Leiterströme sind bei symmetrischer Belastung gleich groß:

$$\underline{I}_{12} = \underline{I}_{23} = \underline{I}_{31} = \underline{I}_{Strang}; \quad \underline{I}_1 = \underline{I}_2 = \underline{I}_3 = \underline{I}_{Leiter}$$

Unabhängig von der Art der Schaltung (Stern oder Dreieck) ist die gesamte Drehstrom-Wirk-, Schein- und Blindleistung bei symmetrischer Belastung:

$$P = \sqrt{3}\, U\, I\, \cos\varphi = S \cos\varphi$$
$$S = \sqrt{3}\, U\, I = \sqrt{P^2 + Q^2}$$
$$Q = \sqrt{3}\, U\, I\, \sin\varphi = S \sin\varphi$$

U = Effektivwert der Außenleiterspannung, I = Effektivwert des Außenleiterstromes,
$\varphi = \varphi_{ui} = \varphi_u - \varphi_i$ = Phasenwinkel zwischen Strangspannung und Strangstrom (!)
In Dreieckschaltung ist die Leistungsaufnahme dreimal größer als in Sternschaltung.

$$P_\triangle = 3 P_Y; \quad S_\triangle = 3 S_Y; \quad Q_\triangle = 3 Q_Y$$

Im symmetrischen Drehstromsystem ist die Momentanleistung des Gesamtsystems konstant.
Drehstrom-Niederspannungsnetz des europäischen Verbundnetzes
Betrieb einphasiger Verbraucher mit den Strangspannungen (Effektivwerte):

$$U_1 = U_2 = U_3 = U = U_Y = U_{Str} = 230V$$

Betrieb dreiphasiger Verbraucher mit den Leiterspannungen (Effektivwerte):

$$U_{12} = U_{23} = U_{31} = \sqrt{3}\, U = U_\triangle = U_L = 400V$$

Wert einer Kompensationskapazität bei symmetrischer Sternschaltung des Verbrauchers bei Sternschaltung der drei Kondensatoren:

$$C_Y = \frac{P_{Strang}(\tan\varphi - \tan\varphi')}{\omega\, U_{Strang}^2} = \frac{\frac{P}{3}(\tan\varphi - \tan\varphi')}{\omega \left(\frac{U_L}{\sqrt{3}}\right)^2}$$

$$= \frac{P(\tan\varphi - \tan\varphi')}{\omega\, U_L^2}$$

P_{Strang} D Strangwirkleistung
U_{Strang} D Strangspannung
P D Gesamtwirkleistung
U_L D Auenleiterspannung
’ D Phasenverschiebungswinkel zwischen Strangspannung und Strangstrom ohne Kompensation
’ ⁰ D Phasenverschiebungswinkel zwischen Strangspannung und Strangstrom mit Kompensation
Blindleistungskompensation bei Dreieckschaltung der Kondensatoren: Fr ihre Kapazitt ist nur ein Drittel des Wertes bei Sternschaltung der Kondensatoren erforderlich.

$$ C \ D \ \frac{1}{3} \ C_Y $$

Ein Wattmeter hat einen Strommesspfad und einen Spannungsmesspfad.
Die Aron-Schaltung dient zur Messung der Wirkleistung eines Drehstromverbrauchers mit zwei Leistungsmessern.

. Sternschaltung des Verbrauchers mit Mittelleiter

Aufgabe 15.1
Ein dreiphasiger Drehstromverbraucher ist an einem 230/400 Volt Dreiphasennetz in Sternschaltung mit Mittelleiter angeschlossen (Abb. 15.1). Es ieen folgende Strme:

$$ \underline{I}_{L1} \ D \ 320A \ e^{j\,20}; \quad \underline{I}_{L2} \ D \ 150A \ e^{j\,10}; \quad \underline{I}_{L3} \ D \ 400A \ e^{j\,30}: $$

Die Winkel der Strme sind auf die jeweilige Sternspannung bezogen.
Wie gro ist der Strom $\underline{I}_N$ im Mittelleiter?

Lsung
Die Winkel der Strme werden auf die Sternspannung U_{1N} bezogen.

$\underline{I}_{L1N}$ D 320A $e^{j\,20}$ D 320A cos20 / j sin.20 / D 300;7A j109;5 A

$\underline{I}_{L2N}$ D 150A $e^{j\,10}$ 120 / D 150A cos110 / j sin.110 / D 51;3A j141 A

$\underline{I}_{L3N}$ D 400A $e^{j\,30}$ 240 / D 400A cos270 / j sin.270 / D 0A C j400 A

Real- und Imaginrteile der Strme werden addiert.

$$ \underline{I}_N \ D \ 249;4A \ C \ j149;5 \ A $$

Die Auenleiterstrme sind:

$$\underline{I}_1 = \frac{\underline{U}_1}{\underline{Z}_1} = \frac{230V}{330} = 0{;}7A\,|$$

$$\underline{I}_2 = \frac{\underline{U}_2}{\underline{Z}_2} = \frac{230V\ e^{j\ 120}}{334{;}0\ \ e^{j\ 48{;}8}} = 0{;}69A\ e^{j\ 168{;}8} = 0{;}69A\ e^{j\ 191{;}2}$$

$$\underline{I}_3 = \frac{\underline{U}_3}{\underline{Z}_3} = \frac{230V\ e^{j\ 120}}{384{;}2\ \ e^{j\ 67}} = 0{;}6A\ e^{j\ 187}\,|\quad \underline{I}_N = \underline{I}_1 + \underline{I}_2 + \underline{I}_3$$

$$\underline{I}_N = .\ 0{;}57\ j\ 0{;}2/A = 0{;}6A\ e^{j\ 160{;}1} = 0{;}6A\ e^{j\ 199{;}9}$$

Aufgabe 15.3

Bei einem Vierleiter-Drehstromnetz mit der Auenleiterspannung $U = 400V$ sind zwei einphasige Verbraucher angeschlossen. Der induktive Verbraucher an L_1 N nimmt bei dem Leistungsfaktor $\cos'_1 = 0{;}82$ die Wirkleistung $P_1 = 2{;}0kW$ auf. Der kapazitive Verbraucher an L_2 N nimmt bei $\cos'_2 = 0{;}76$ die Wirkleistung $P_2 = 1{;}8kW$ auf. Wie gro sind die Auenleiterstrme I_1 und I_2? Welchen Wert hat der Neutralleiterstrom I_N?

Lsung

Am Verbraucher 1 liegt die Sternspannung $U_1 = 230V$. Am Verbraucher 2 liegt die Sternspannung $U_2 = 230V\ e^{j\ 120}$. Der von Verbraucher 1 aufgenommene und in Leiter 1 ieende Strom ist somit:

$$I_1 = \frac{P_1}{U_1\ \cos'_1} = \frac{2{;}0kW}{230V\ 0{;}82} = 10{;}6A$$

Der durch Verbraucher 2 und in Leiter 2 ieende Strom ist:

$$I_2 = \frac{P_2}{U_2\ \cos'_2} = \frac{1{;}8kW}{230V\ 0{;}76} = 10{;}3A$$

$\underline{I}_1$ eilt der Spannung U_1 nach (der Verbraucher ist induktiv), und zwar um $\arccos 0{;}82 = 34{;}9$.

Der Winkel von U_1 ist null. Der Winkel von $\underline{I}_1$ ist somit $'_{i1} = 34{;}9$.

$\underline{I}_2$ eilt der Spannung U_2 voraus (der Verbraucher ist kapazitiv), und zwar um $\arccos 0{;}76 = 40{;}5$.

Der Winkel von U_2 ist 120. Der Winkel von $\underline{I}_2$ ist somit $'_{i2} = 120 + 40{;}5 = 79{;}5$.

In komplexer Schreibweise sind die beiden Strme:

$$\underline{I}_1 = 10{;}6A\ .\cos\ 34{;}9 / + j\ \sin.\ 34{;}9 // = .8{;}69\ j\ 6{;}07/A$$

$$\underline{I}_1 = 10{;}3A\ .\cos\ 79{;}5 / + j\ \sin.\ 79{;}5 // = .1{;}88\ j\ 10{;}13/A$$

$$\underline{I}_N = \underline{I}_1 + \underline{I}_2 = .10{;}57\ j\ 16{;}20/A\quad I_N = \sqrt{10{;}57^2 + 16{;}2^2}\,A\quad I_N = 19{;}3A$$

Bei symmetrischer Last gilt fr die Strme bei der Dreieckschaltung:

$$I_L = \sqrt{3}\, I_{Str}$$

Somit sind die Auenleiterstrme: $I_1 = I_2 = I_3 = 3{,}41A$

b) Wir whlen die Auenleiterspannung $\underline{U}_{12}$ mit dem Betrag $U_{12} = 400V$ als Bezugs-
gre und setzen sie reell an. Der komplexe Strangstrom ist:

$$\underline{I}_{Str} = \frac{\underline{U}_{12}}{\underline{Z}} = \frac{400V}{(160 + j\,125{,}66)} = (1{,}546 - j\,1{,}214)A = 1{,}97A\, e^{-j\,38{,}1}$$

Der Leistungsfaktor der Schaltung ist: $\cos\varphi = \cos 38{,}1° = 0{,}78$
Der Leistungsfaktor kann auch aus dem Verhltnis von Wirkleistung zu Scheinleistung
bzw. aus dem Verhltnis von Wirkwiderstand zu Scheinwiderstand berechnet werden.

$$\cos\varphi = \frac{R}{\sqrt{R^2 + X_L^2}} = \frac{160}{\sqrt{(160)^2 + (125{,}66)^2}} = \underline{\underline{0{,}78}}$$

. Leistung bei Drehstrom

Aufgabe 15.9

Ein Drehstrommotor besitzt den Leistungsfaktor $\cos\varphi = 0{,}85$. Wird er an das 400 V/
230 V-Netz in Sternschaltung angeschlossen, so iet in jedem Leiter ein Strom von
9,5 A.
Wie gro sind Scheinleistung S, Wirkleistung P und Blindleistung Q?

Lsung

$$S = \sqrt{3}\, U \cdot I \quad S = \sqrt{3} \cdot 400V \cdot 9{,}5A \quad \underline{S = 6582VA}$$

$$P = \sqrt{3}\, U \cdot I \cdot \cos\varphi = S \cdot \cos\varphi \cdot I \quad \underline{P = 5595W}$$

$$Q = \sqrt{3}\, U \cdot I \cdot \sin\varphi = S \cdot \sin(\arccos 0{,}85) \cdot I \quad \underline{Q = 3467var}$$

Aufgabe 15.10

Ein Elektroherd enthlt drei ohmsche Widerstnde mit je 50 Ω. Welche Leistung nimmt
der Herd aus dem 400 V/230 V-Netz in Sternschaltung und in Dreieckschaltung auf?

Lsung
Sternschaltung
In Sternschaltung ist die Strangspannung

$$U_{Str} = \frac{U_L}{\sqrt{3}} = \frac{400V}{\sqrt{3}} = 230V:$$

Daraus folgt: $C = \frac{Q_C}{\omega \cdot U_C^2}$ mit $U_C =$ Spannung am Kondensator. Es ist $U_C = U_{Str} = 230\text{V}$ bei Sternschaltung und $U_C = U = U_L = 400\text{V}$ bei Dreieckschaltung der Kondensatoren.

$$Q_C = Q_{Str} = \frac{Q_{ind}}{3}$$

$$C_Y = \frac{820\text{var}}{3 \cdot \omega \cdot U_C^2} = \frac{820\text{var}}{3 \cdot 2\pi \cdot 50\text{s}^{-1} \cdot 230\text{V}/^2} = 16{,}45 \cdot 10^{-6}\text{F} = \underline{\underline{16{,}45\ \mu\text{F}}}$$

$$C_\triangle = \frac{C_Y}{3} = \underline{\underline{5{,}48\ \mu\text{F}}}$$

Aufgabe 15.12

Von einem Drehstrommotor in Dreieckschaltung sind folgende Angaben für den Nennbetrieb bekannt:

$U_N = 400\text{V} = 50\text{Hz}$, $\cos\varphi_N = 0{,}82$, Wirkungsgrad $\eta_N = 0{,}87$, Drehzahl $n_N = 1455\text{min}^{-1}$, $P_N = 7{,}5\text{kW}$

a) Welche Wirkleistung P, Scheinleistung S und Blindleistung Q nimmt der Motor im Nennbetrieb vom Drehstromnetz auf?

b) Welchen Scheinwiderstand Z besitzen die Stränge des Motors? Wie groß ist der Strom I_{Str} in den Strängen? Wie groß ist der Strom I_L in den Zuleitungen?

c) Die Blindleistungsaufnahme des Motors soll mit in Dreieck geschalteten Kondensatoren auf $\cos\varphi' = 0{,}95$ kompensiert werden. Welche Kapazität C muss jeder der drei Kondensatoren aufweisen?

d) Was sagen die Angaben auf dem Typenschild eines Elektromotors aus? Bestimmen Sie das Nennmoment des gegebenen Drehstrommotors.

Lösung

a) Der Wirkungsgrad besagt, dass die vom Drehstromnetz gelieferte elektrische Wirkleistung P_{el} aufgrund der Leistungsverluste im Motor höher ist als die maximal mögliche mechanische Wirkleistung P_{mech}. Die Leistungsangabe eines Motors betrifft immer die mechanische Wellenleistung.

$$P_{el} = \frac{P_{mech}}{\eta} \quad \rightarrow \quad P = \frac{P_N}{\eta_N} = \frac{7{,}5\text{kW}}{0{,}87} = \underline{\underline{8620{,}7\text{W}}}$$

$$S = \frac{P}{\cos\varphi_N} = \frac{8620{,}7\text{W}}{0{,}82} = \underline{\underline{10\,513{,}0\text{VA}}}$$

$$Q = S \cdot \sin\varphi_N = 10\,513\text{VA} \cdot \sin(\arccos 0{,}82) = \underline{\underline{6017{,}3\text{var}}}$$

b) Die Gesamtscheinleistung ist $S = 3 \cdot U_{Str} \cdot I_{Str}$. In Dreieckschaltung ist die Strangspannung gleich der Leiterspannung $U_{Str} = U_L = 400\text{V}$. Mit dem Strangwiderstand

(Scheinwiderstand Z) folgt:

$$I_{Str} = \frac{U_{Str}}{Z}\,| \quad S = \frac{3 \cdot U_{Str}^2}{Z}\,| \quad Z = \frac{3 \cdot U_{Str}^2}{S}\,| \quad Z = \frac{3 \cdot 400V^2}{10{,}513\,VA} = 45{,}66$$

$$I_{Str} = \frac{U_{Str}}{Z} = \frac{400V}{45{,}66} = 8{,}76A\,| \quad I_L = \sqrt{3}\,I_{Str} = 15{,}17A$$

c)

$$C = \frac{1}{3}\,C_Y = \frac{1}{3}\,\frac{P(\tan\varphi_N - \tan\varphi')}{\omega\,U_L^2}$$

$$C = \frac{8620{,}7W\,(\tan\arccos 0{,}82 - \tan\arccos 0{,}95)}{3 \cdot 2\pi \cdot 50s^{-1} \cdot 400V^2}\,| \quad C = 21{,}1\,\mu F$$

d) Der Nennbetrieb bezeichnet die Betriebsart elektrischer Maschinen, für die sie im Dauerbetrieb ausgelegt sind. Auf dem Typenschild eines Motors werden Nenndaten für einen Betriebspunkt, den sog. genannten Bezugspunkt oder Nennpunkt angegeben. Zu diesen Daten gehören z. B. die Nennspannung U_N, der Nennstrom I_N, der Leistungsfaktor $\cos\varphi = P/S$, die Nenndrehzahl der Welle n_N oder die mechanische Leistung an der Welle P_N (die Leistungsangabe eines Motors betrifft immer die mechanische Wellenleistung). Ist das prinzipielle Drehzahl-Drehmomentverhalten eines Motors bekannt, so kann mittels der Typenschildangaben näherungsweise auf alle anderen Betriebspunkte geschlossen werden.

Ein Elektromotor nimmt die elektrische Leistung

$$P_{el} = U \cdot I = P_{zu}$$

auf und gibt die mechanische Leistung

$$P_{mech} = M \cdot \omega = P_{ab}$$

an seiner Welle ab.

Bei der Wandlung von elektrischer in mechanische Energie geht die Verlustleistung P_V als Wärmeleistung verloren. Das Verhältnis von abgegebener Leistung P_{ab} zu zugeführter Leistung P_{zu} wird als Wirkungsgrad η bezeichnet:

$$\eta = \frac{\text{abgegebene Wirkleistung}}{\text{zugeführte Wirkleistung}} = \frac{P_{ab}}{P_{zu}}$$

Für die Energie gilt mit $W_{zu} = P_{zu} \cdot t$ und $W_{ab} = P_{ab} \cdot t$ auch:

$$\eta = \frac{\text{abgegebene Energie}}{\text{zugeführte Energie}} = \frac{W_{ab}}{W_{zu}}$$

Von P_{zu} müssen die unvermeidlichen Verluste P_V abgezogen werden, um P_{ab} zu erhalten.

$$P_{ab} = P_{zu} - P_V$$

Somit ist P_{ab} stets kleiner ist als P_{zu} und der Wirkungsgrad stets kleiner als eins:

$$\eta = \frac{M \cdot \omega}{U \cdot I} < 1$$

Statt der Winkelgeschwindigkeit ω in s^{-1} wird bei elektrischen Maschinen die Drehzahl n in Umdrehungen pro Minuten ($\omega = min^{-1}$) angegeben. Die mechanische Leistung beträgt dann:

$$P_{mech} = M \cdot \omega = M \cdot 2\pi f = M \cdot 2\pi \frac{n}{60\frac{s}{min}}$$

Das Nennmoment (Nenndrehmoment) ist:

$$M = \frac{P_{mech}}{2\pi \frac{n}{60\frac{s}{min}}}$$

Für den gegebenen Drehstrommotor ergibt sich:

$$M = \frac{7500W}{2\pi \frac{1455 min^{-1}}{60\frac{s}{min}}}; \text{ mit } W = \frac{Nm}{s} \text{ folgt: } \underline{\underline{M = 49{,}2 Nm}}$$

Halbleiterdioden

Zusammenfassung

Die charakteristischen Parameter der Diodenkennlinie werden betrachtet und ihre Bedeutung erlutert. Berechnet werden Schaltungen mit Lumineszenz- und Zenerdiode. Mit Arbeitspunkt und Widerstandsgerade wird eine gra sche Bestimmung von Spannungen und Strmen in Diodenschaltgen durchgefhrt. Die Gleichrichtung von Wechselspannungen und die Begrenzung einer Wechselspannung stellen Anwendungsmglichkeiten von Dioden dar.

.   Grundwissen kurz und bndig

Der pn-bergang eines Halbleiters bildet die Grundlage einer Halbleiterdiode.
Eine Diode besitzt Ventilwirkung. In Durchlassrichtung lsst sie Strom durch, in Sperrrichtung nicht.
Die Kennlinie einer Diode ist nicht linear.
Es gibt Germaniumdioden (Durchlassspanung ca. 0,35 V) und Siliziumdioden (Durchlassspanung ca. 0,7 V).
Durchbruchserscheinungen bei Dioden sind der Zenerdurchbruch und der Lawinendurchbruch (Avalanche-Effekt).
Eine Diode darf nie ohne strombegrenzen Vorwiderstand betrieben werden.
Eine Diode wird durch statische und dynamische Kennwerte beschrieben.
Der Sperrstrom einer Diode ist sehr klein. Er steigt exponentiell mit der Temperatur an.
Im Durchlassbereich wird die U-Kennlinie mit steigender Temperatur steiler.
Die Anschlsse einer Diode heien Anode und Kathode
Bei Kleindioden wird die Kathode durch einen Ring auf dem Gehuse gekennzeichnet.
Eine Schottkydiode besitzt eine kleine Durchlassspannung (ca. 0,35 V) und schaltet sehr schnell.
Eine LED wird zur optischen Anzeige verwendet.

' Springer Fachmedien Wiesbaden GmbH 2017
L. Stiny, Aufgabensammlung zur Elektrotechnik und Elektrpnik
DOI 10.1007/978-3-658-14381-7_16

Mit Zenerdioden knnen Spannungen stabilisiert werden.

Mit dem Arbeitspunkt und der Widerstandsgeraden knnen die Strom-Spannungs-Ver-hltnisse einer Schaltung mit einem nichtlinearen Bauteil gra sch bestimmt werden.

Anwendungen von Dioden sind z. B.: Gleichrichtung von Wechselspannung, Freilauf-diode, Schutz emp ndlicher Eingnge, elektronischer Schalter, logische Verknpfung digitaler Signale, Amplitudenbegrenzung von Signalen.

Wichtige Formeln:

$$I = I_R \cdot \left(e^{\frac{U}{U_T}} - 1 \right) \quad \text{mit } U_T = \frac{k\,T}{e} \quad k = \text{Boltzmann-Konstante}$$

$$P_{th} = \frac{T_A - T_B}{R_{th}} = \frac{\Delta T}{R_{th}} \quad R_{th} = \text{Wrmebergangswiderstand}$$

$$T_J = R_{thJA} \cdot P_V + T_A \quad R_V = \frac{U_B - U_D}{I_D} \quad R_V = \frac{U_{Emin} - U_Z}{I_Z + I_{Lmax}}$$

$$P_{Zmax} \geq U_Z \cdot \frac{U_{Emax} - U_Z}{R_V} - I_{Lmin}$$

$$U_Z = U_Z \cdot T \cdot T_K$$

. **Diodenkennlinie**

Aufgabe 16.1

Wie gro ist ungefhr die Durch lassspannung bei einer Siliziumdiode bzw. bei einer Germaniumdiode?

Lsung

Siliziumdiode ca. 0,5 bis 0,8 Volt, Germaniumdiode ca. 0,2 bis 0,4 Volt.

Aufgabe 16.2

a) Bestimmen Sie aus der Diodenkennlinie Abb. 16.1 gra sch die Schleusenspannung U_S und den durch eine Gerade angenherten differenziellen Widerstand r_F.

b) Handelt es sich um eine Silizium- oder um eine Germaniumdiode?

c) Geben Sie mit den Gren U_S und r_F die stckweise lineare Kennlinie und zustzlich mit einer idealen Diode die Ersatzschaltung der gegebenen Diode an.

d) Wie kann der Durchlasswiderstand der Diode in Zusammenhang mit dem ermittelten differenziellen Widerstand r_F gesehen werden?

e) Charakterisieren Sie allgemein (quantitativ) den differenziellen Widerstand im Durch-lass-, Sperr- und Durchbruchbereich einer Diode.

f) Der Wrmewiderstand der Diode betrgt $R_{thJA} = 380\,\text{K=W}$. Wie hoch ist die Sperr-schichttemperatur T_J bei einer Umgebungstemperatur $T_A = 50\,°\text{C}$ und einer Verlust-leistung der Diode von $P_V = 100\,\text{mW}$?

Lsung

Um $u_e.t/$ zu erhalten, werden U_0 und $u_1.t/$ addiert (Abb. 16.33). Zu jedem Augenblickswert der sinusfrmigen Spannung $u_1.t/$ werden also U_0 D 10;0V addiert. Dadurch verschiebt sich die Sinuskurve auf der Ordinate um 10,0 V nach oben.

In Durchlassrichtung ist die Kennlinie einer Zenerdiode identisch mit der Kennlinie einer normalen Siliziumdiode. Die Schleusenspannung ist hier mit 0,6 V vorgegeben.

Fr die positive Halbwelle der Eingangsspannung ergibt sich:

D_{Z1} und D_{Z2} sind im Durchlassbetrieb, an ihnen fllt eine Spannung von ca. 6V C 0;6V D 1;2V ab. D_{Z3} und D_{Z4} arbeiten im Zenerbereich, an ihnen fallen 5V C 5V D 10V ab. Der gesamte Spannungsabfall $u_a.t/$ ist whrend der positiven Halbwelle ca. 11,2 V.

Fr die negative Halbwelle der Eingangsspannung gilt:

D_{Z3} und D_{Z4} sind im Durchlassbetrieb, der Spannungsabfall ist ca. 6V C 0;6V D 1;2V. D_{Z1} und D_{Z2} sind im Zenerbereich mit 5V C 5V D 10V Spannungsabfall. Gesamter Spannungsabfall $u_a.t/$ whrend der negativen Halbwelle: ca. 11;2V.

Fr $ju_e.t/j > 2 \cdot U_Z C 2 \cdot U_S$ wird die Begrenzerschaltung wirksam. Das Ergebnis zeigt Abb. 16.33.

Bipolare Transistoren

Zusammenfassung

Die Bedeutung der Eingangskennlinie und eines darauf be ndlichen Arbeitspunktes wird vorgestellt. Grundschaltungen des Transistors werden mit Mglichkeiten zur Einstellung des Arbeitspunktes und zu dessta bBsierung durch Strom- und Spannungsgegenkopplung gezeigt. Der Beto des Bipolartransistors als Schalter wird mit Hilfe des Ausgangskennlinienfeldes festgelegt. Transistorersatzschaltungen werden in der Analyse von Verstrkerschaltungen verwendet. Die Darlington-Schaltung und der Differenzverstrker werden als spezielle Anwendungen betrachtet. Aus dem Gebiet der Digitaltechnik schlieen sich Kodes, logische Funktionen und die Schaltalgebra unter Verwendung von Bipolartransistoren an. Es folgen einige schaltungstechnische Realisierungen logischer Grundfunktionen.

. Grundwissen kurz und bndig

Ein Transistor ist ein aktives Halbleiterbauelement.

Es gibt bipolare (BJT) und unipolare (FET) Transistoren.

Bei den bipolaren Transistoren gibt Germanium- und Silizium-, npn- und pnp-Typen.

Die Anschlsse des bipolaren Transistors heien Emitter, Basis und Kollektor.

Im Arbeitspunkt ist beim Germanium-Transist U_{BE} ca. 0,3 V, beim Silizium-Transistor ca. 0,7 V.

Wirkt der Transistor als Verstrker, so euert der kleine Basisstrom den groen Kollektorstrom.

Gleichstromverstrkungsfaktor des Transisto B:D $\frac{I_C}{I_B}$.

Ein npn-Transistor leitet, wenn die Basis positiv ist.

Ein pnp-Transistor leitet, wenn die Basis negativ ist.

' Springer Fachmedien Wiesbaden GmbH 2017
L. Stiny, Aufgabensammlung zur Elektrotechnik und Elektronik
DOI 10.1007/978-3-658-14381-7_17

Es gibt drei Grundschaltungen des Transistors: Basis-, Emitter- und Kollektorschaltung.

Ein Transistor kann als linearer Verstär oder als Schalter betrieben werden.

Eingangs-, Ausgangs- und Steuerkennlinie beschreiben den Transistor.

Die SttigungsspannungU_{CEsat} betrgt bei Kleinleistungstransistoren ca. 0,2 V bis 0,5 V, bei Leistungstransistoren ca. 1 bis 2 V.

Der Arbeitspunkt auf der Lastgeraden im Ausgangskennlinienfeld wird durch einen Basis-Ruhegleichstrom festgelegt.

Wechselstrom-Kleinsignalverstrkung in Emitterschaltung:

$$\beta D \left. \frac{i_C}{i_B} \right|_{U_{CED\,const}} \quad \mathrm{I} \quad B \quad 1$$

Stromverstrkung in Basisschaltung: $D \frac{I_C}{I_E} < 1$

Stromverstrkung in Kollektorschaltung: $D \frac{1}{1} D \quad C 1$

Umrechnung zwischen und : $D \frac{}{1}$ und $D \frac{}{C1}$

Die Stromverstrkung ist abhngig vom Arbeitspunkt und von der Temperatur.

Die Stromverstrkung sinkt mit wachsender Frequenz.

Beziehung zwischen der-Grenzfrequenz und der Transitfrequenz $f_T D \quad f$

Bei der Wahl des Arbeitspunktes sind bestmte Grenzen des erlaubten Arbeitsbereiches zu beachten.

Eingangsimpedanz der Emitterschaltung:

$$r_{eE} D \; r_{BE} D \frac{U_T}{I_B} D \frac{U_T \; B}{I_C} D \frac{}{S}$$

Ausgangsimpedanz der Emitterschaltung:$D R_C k r_{CE} \quad R_C$

Steilheit eines Transistors:

$$S D \frac{I_C}{U_{BE}} D \frac{}{r_{BE}}$$

Wechselspannungsverstrkung der Emitterschaltung:

$$V_{uE} D \frac{U_a}{U_e} D \frac{R_C}{r_{BE}} D \; S \; R_C D \frac{U_{Rc}}{U_T} D \frac{I_C \; R_C}{U_T}$$

Abschtzung der Wechselspannungsverstrkung der Emitterschaltung:

$$V_{uE} D \quad 40 \; U_{Rc} D \quad 40 \; I_C \; R_C$$

Leistungsverstrkung der Emitterschaltung$V_{pE} D \frac{P_a}{P_e} D \quad V_{uE}$

Frequenzgang der Wechselspannungsverstrkung in Emitterschaltung:

$$V_{uE} D \frac{.f/}{B} \frac{U_{Rc}}{U_T}$$

Eingangsimpedanz der Basisschaltung:

$$r_{eB} = \frac{r_{BE}}{} = \frac{U_T}{I_C} = \frac{1}{S}$$

Ausgangsimpedanz der Basisschaltung: $r_{aB} = R_C \,\|\, r_{CE} \approx R_C$

Wechselspannungsverstrkung der Basisschaltung: $V_{uB} = V_{uE}$

Leistungsverstrkung der Basisschaltung: $V_{pB} = \frac{P_a}{P_e} = V_{uB}$

Eingangsimpedanz der Kollektorschaltung:

$$r_{eC} = \frac{U_T}{I_B} \cdot C \quad R_E = \frac{U_T}{I_C} \cdot C \, R_E \,\|\, r_{eC} \quad R_E$$

Der Eingangswiderstand der Kollektorschaltung ist sehr gro.

Ausgangsimpedanz der Kollektorschaltung: $r_{aC} = \frac{U_T}{I_C}$

Der Ausgangswiderstand der Kollektorschaltung ist sehr niedrig.

Wechselspannungsverstrkung der Kollektorschaltung: $V_{uC} = \frac{U_a}{U_e} \approx 1 \; (<1)$

Leistungsverstrkung der Kollektorschaltung:

$$V_{pC} = \frac{P_a}{P_e} = V_{uC} \quad V_{uC}$$

Bei der Rckkopplung unterscheidet man Mitkopplung und Gegenkopplung.

Die Gegenkopplung verbessert die Eigenschaften eines Verstrkers, obwohl die Verstrkung abnimmt.

Das Produkt aus Verstrkung und Bandbreite ist konstant.

Ein Transistor kann durch eine formale oder eine physikalische Ersatzschaltung beschrieben werden.

Die formale Ersatzschaltung benutzt Vierpolgleichungen mit h-Parametern.

Ersatzschaltbilder des Transistors enthalten gesteuerte Quellen.

Spezielle Schaltungen sind die Darlington-, Bootstrap-, Kaskodeschaltung.

Der Differenzverstrker verstrkt die Differenz zweier Eingangsspannungen.

Harmonische Oszillatoren erzeugen Sinusschwingungen.

In der Digitaltechnik wird der Transistor als Schalter verwendet.

Ein Transistor als Schalter hat bestimmte Schaltzeiten.

Ein Transistor kann zum Schalten eines Verbrauchers benutzt werden.

Ein Multivibrator erzeugt periodische, rechteckfrmige Spannungen.

Ein Mono op erzeugt einen Rechteckimpuls bestimmter Dauer.

Ein Flip op ist in der Digitaltechnik ein Speicherelement.

Der Schmitt-Trigger wandelt ein analoges in ein digitales Signal um (mit Hysterese).

Binre Signale haben nur zwei Spannungswerte, High und Low.

Ein Bit entspricht einer Binrstelle (kleinste Informationseinheit).

Elektronische Digitalrechner arbeiten mit Dualzahlen, die mit elektronischen Schaltern leicht realisierbar sind.

Grundlegende Verknpfungen logischeVariablen sind UND, ODER, NICHT.
Liegt am Eingang eines Inverters High, so ist der Ausgang Low und umgekehrt.
Ist nur einer der Eingnge eines AND-Gatters auf Low, so ist der Ausgang Low.
Ist nur einer der Eingnge eines OR-Gatters auf High, so ist der Ausgang High.
Gatter knnen in DL-, DTL-, RTL-, TTL-, ECL-, CMOS-Technik diskret oder integriert als IC realisiert werden.
Fr logische Funktionen gibt es digitale Schaltzeichen.

Aufgabe 17.1
Fr die Messungen am bipolaren Transistor steht nur ein Ohmmeter zur Verfgung.
Welche Messungen muss man durchfhren, um die folgenden Fragen beantworten zu knnen.

a) Wie knnen Sie prfen, ob ein npn-Transistor defekt ist oder nicht?
b) Wie kann man bei einem unbekannten npn-Transistor feststellen, welcher Anschluss Emitter E, Basis B oder Kollektor C ist?
c) Wie kann man bei einem vllig unbekannten Transistor feststellen, ob es sich um einen npn- oder pnp-Transistor handelt?

Lsung
a) Um festzustellen, ob ein Transistor defekt ist oder nicht, versucht man die Emitter-Basis-Diode und die Kollektor-Basis-Diode zu messen. Zuerst verbindet man die Basis und den Emitter mit den beiden Anschlssen des Ohmmeters und prft, ob die Diode leitet. Dann vertauscht man die beiden Anschlsse des Ohmmeters und prft wieder, ob die Diode leitet. Leitete die Diode bei der ersten Messung, so muss sie bei der zweiten Messung sperren. Hat die Diode bei der ersten Messung gesperrt, so muss sie bei der zweiten Messung leiten. Tritt einer dieser beiden Flle ein, so ist die Emitter-Basis-Diode in Ordnung.
Falls bei beiden Messungen die Diode geleitet oder gesperrt hat, ist der Transistor defekt. Nun muss nach dem gleichen Verfahren die Kollektor-Basis-Diode berprft werden. Auch sie muss genau bei einer Messung leiten und bei der anderen sperren. Wurden beide Dioden berprft und sind sie nicht defekt, dann funktioniert der Transistor mit hoher Wahrscheinlichkeit.
Als zustzliche Messung kann man noch versuchen, die Stromverstrkung zu messen. Dazu verbindet man das Ohmmeter mit dem Kollektor und dem Emitter des Transistors, wobei sich am Kollektor der positive Anschluss des Ohmmeters be ndet. Die Basis ist nicht angeschlossen. Der Transistor muss jetzt sperren. Verbindet man nun die Basis ber einen 100 k -Widerstand mit dem Kollektor, muss der Transistor leiten.
b) Bei einem unbekannten npn-Transistor lassen sich die Anschlsse leicht bestimmen. Zuerst versucht man die beiden Anschlsse zu nden, die bei beliebiger Polung des Ohmmeters sperren. Der dritte, nicht beschaltete Anschluss des Transistors ist die Basis. Nun muss noch bestimmt werden, welcher Anschluss der Kollektor und welcher

der Emitter ist. Dies lsst sich ber die Stromverstrkung ermitteln. Dazu schliet man beide Anschlsse des Ohmmeters an die beiden noch unbekannten Anschlsse des Transistors an. Der Transistor darf jetzt nicht leiten. Verbindet man die Basis mit einem 100 k -Widerstand mit dem Anschluss des Transistors, mit dem der positive Anschluss des Ohmmeters verbunden ist, beginnt der Transistor zu leiten. Dem vom Ohmmeter angezeigten Wert des Widerstandes notiert man sich. Nun werden die beiden unbekannten Anschlsse des Transistors vertauscht. Der 100 k Widerstand wird wieder zwischen Basis und positiven Anschluss des Ohmmeters geschaltet. Jetzt leitet der Transistor wieder. Die Messung mit dem niedrigeren gemessenen Widerstand des Transistors zeigt, welcher Anschluss der Kollektor sein muss. Bei dieser Messung war der 100 k -Widerstand nmlich zwischen Basis und Kollektor geschaltet.

c) Bei einem vllig unbekannten Transistor ermittelt man zuerst die Basis nach dem oben gezeigten Verfahren. Als nchstesf man, ob ein Strom von der Basis zu irgendeinem anderen Anschluss des Transistors iet. Wenn an der Basis der positive Anschluss des Ohmmeters liegt, dann handelt es sich um einen npn-Transistor. Liegt an der Basis der negative Anschluss, dann handelt es sich um einen pnp-Transistor.

Aufgabe 17.2
Bei welcher Grundschaltung eines bipolaren Transistors im Betrieb als Verstrker erfolgt eine Phasenverschiebung von 180 Grad zwischen Eingangs- und Ausgangspannung?
    Ist dies die Basis-, Kollektor-, Drain-, Source- oder Emitterschaltung?

Lsung
Emitterschaltung

Aufgabe 17.3
Abb. 17.1 zeigt den Ausgangskreis eines Transistorverstrkers. Im eingestellten Arbeitspunkt betrgt die Spannung zwischen Kollektor und Emitter U_{CE} D 10V. Der Basisstrom I_B wird als vernachlssigbar klein betrachtet.
    Die Betriebsspannung ist U_B D 30V, der Arbeitswiderstand ist R_A D 100 .

a) Wie gro ist in diesem Arbeitspunkt der Kollektorstrom I_C?
b) Welche Leistung P_{RA} wird in diesem Arbeitspunkt im Arbeitswiderstand R_A umgesetzt?
c) Welche Verlustleistung P_T wird in diesem Arbeitspunkt im Transistor umgesetzt?
d) Welche Leistung P_{UB} muss die Betriebsspannungsquelle liefern?

Lsung
a) Ein Maschenumlauf im Uhrzeigersinn ergibt (es wird willkrlich bei U_{CE} begonnen):

$$U_{CE} \quad I_C \quad R_a \text{ C } U_B \text{ D 0I} \quad) \quad I_C \text{ D } \frac{U_B \quad U_{CE}}{R_a} \text{ D } \frac{30V \quad 10V}{100} \text{ D } \underline{\underline{0{,}2A}}$$

Felde ekt-Transistoren

Zusammenfassung

Verschiedene Typen von Feldeffekt-Transistoren werden mit ihren Eigenschaften betrachtet und Mglichkeiten zur Eintellung des Arbeitspunktes aufgezeigt. Unterschiedliche Schaltungsarten in Anwendungen als Schalter und Verstrker zeigen mgliche Anstze zur Analyse und Berechnung der Anwendungen.

. Grundwissen kurz und bndig

Ein Feldeffekt-Transistor (FET) wird leistungslos durch eine Spannung gesteuert.
Die Anschlsse eines FET heien Source (S), Gate (G) und Drain (D).
Der Eingangswiderstand eines FET ist sehr hoch.
Es gibt Sperrschicht- und Isolierschicht-FETs.
In der integrierten Halbleitertechnispielen MOSFETs eine wichtige Rolle.
Beim Power-MOSFET ist die Inversdiode zu beachten.
Grundlegende Betriebsarten als Schalter sind Highside- und Lowside-Schalter.
Eine Ladungspumpe dient zur Verdopplung einer Gleichspannung.
FETs knnen durch statische Entladungen zerstrt werden. Bestimmte Regeln zur Handhabung sind zu beachten.

. Aufgaben zu Felde ekt-Transistoren

Aufgabe 18.1
Gegeben ist die Schaltung in Abb. 18.1 mit einem Feldeffekt-Transistor.
Die Speisespannung U_B betrgt 12 Volt. Damit der FET mit einem Ruhestrom von I_D D 3mA bei U_{DS} D 5 V arbeitet, bentigt er eine Gatespannung von U_{GS} D 2; 5 V. Der Querstrom ber den Gate-Spannungsteiler sqlD 100nA betragen.

' Springer Fachmedien Wiesbaden GmbH 2017
L. Stiny, Aufgabensammlung zur Elektrotechnik und Elektrpnik
DOI 10.1007/978-3-658-14381-7_18

Zum Arbeitswiderstand R_D in Abb. 18.16 (R_4 in Abb. 18.13) liegt wechselstrommig der Widerstand R_L des Lautsprechers parallel. Außerdem liegt zu diesen beiden Widerständen auch der differenzielle Ausgangswiderstand r_{DS} wechselstrommig parallel.

$$r_{DS} = \frac{U_{DS}}{I_D}\bigg|_{U_{GS}=const}$$

Da die Steigung der Ausgangskennlinie im Arbeitspunkt sehr klein ist, wird I_D sehr klein bzw. r_{DS} sehr groß. r_{DS} kann somit vernachlässigt werden.
Für die Spannungsverstärkung folgt:

$$V = \frac{U_L}{U_e} = -S\,(R_4\,\|\,R_L) = 0{,}6\cdot\frac{1}{7{,}5} \quad | \quad \underline{\underline{V = 4{,}5}}$$

e) Aus Abb. 18.17 wird abgelesen $\underline{\hat{U}_{e,max} = 2\,V}$. Die Eingangsspannung entspricht U_{GS} im Arbeitspunkt, sie darf maximal 2 V um den Arbeitspunkt herum schwanken.

f) Aus dem Ausgangskennlinienfeld kann im Arbeitspunkt abgelesen werden: $\underline{\hat{I}_D = 1\,A}$ (Abb. 18.17). Da R_4 wechselstrommig parallel zu R_L liegt, ist der entstehende Stromteiler zu beachten.

$$I_{L,max} = \frac{\hat{I}_D}{2} = \underline{\underline{0{,}5\,A}}$$

g)

$$U_{GS} = U_B\,\frac{R_2}{R_2+R_3} = 30V\,\frac{110k}{110k+1M} \quad \underline{\underline{3\,V}}$$

Der Arbeitspunkt AP verschiebt sich in den Arbeitspunkt AP1 mit den in Abb. 18.17 abgelesenen Werten $\underline{U_{DS} = 4\,V}$, $\underline{I_D = 1{,}8\,A}$.
Für eine Verstärkung der Eingangsspannung U_e eignet sich AP1 schlecht, da I_D nur um maximal 0,2 A erhöht werden kann.

Operationsverstrker

Zusammenfassung

Die Grundlagen der Operationsverstrker und die Eigenschaften des idealen Operationsverstrkers werden betrachtet. Mit dem idealen Operationsverstrker werden erste Berechnungen von Schaltungen mit Operationsverstrkern durchgefhrt. Dabei nden die Konzepte der virtuellen Masse und des virtuellen Kurzschlusses Verwendung. Es folgt eine Erluterung der Funktionsweise der Gegentakt-Endstufe. Beispiele von Anwendungen als nichtinvertierender Verstrker, invertierender Verstrker, Impedanzwandler, Differenzierer, Addierer, Subtrahierer und Integrierer geben die Mglichkeit, unterschiedliche Schaltungsvarianten mit ihren speziellen Eigenschaften zu betrachten. Dabei werden auch Schaltungen mit mehreren Operationsverstrkern analysiert. In aktiven Filtern werden Operationsverstrkerschaltungen mit Hilfe der komplexen Rechnung und unter Anwendung der bertragungsfunktion berechnet.

Grundwissen kurz und bndig

Operationsverstrker (OPV, OP) sind analoge, aktive Bauelemente (ICs).
Die uere Beschaltung legt bertragungseigenschaften und Verwendungszweck des OPV fest.
Ein OPV ist ein Differenzverstrker mit sehr hoher Verstrkung.
Ein OPV besitzt zwei Eingnge: Einen invertierenden E oder N-Eingang und einen nichtinvertierenden E+ oder P-Eingang.
Die Eingnge des OPV sind hochohmig, der Ausgang ist niederohmig.
Grundschaltungen sind der invertierende und der nichtinvertierende Verstrker.

Sofern nicht anders angegeben, wird ein idealer OPV symmetrisch versorgt (mit positiver und negativer Betriebsspannung gleicher Hhe) und arbeitet im linearen Bereich.

' Springer Fachmedien Wiesbaden GmbH 2017
L. Stiny, Aufgabensammlung zur Elektrotechnik und Elektrpnik
DOI 10.1007/978-3-658-14381-7_19

Die Spannungsverstärkung ist dann

$$|V_U| = \frac{R_2 \parallel R_3}{R_1} = \frac{50k}{10k} = 5.$$

In dB ergibt sich $|V_U| = 20dB \cdot \log(5) = 14dB$.

Dieser Wert der Verstärkung ist kleiner als die Gleichspannungsverstärkung mit 20,0 dB und somit plausibel, da die Gegenkopplung wegen des kleineren Gegenkopplungswiderstandes stärker wirkt.

Entsprechend der invertierenden Wirkung beträgt die Phasenverschiebung von U_a zu U_e:

$$\varphi = 180°$$

c) Der invertierende Eingang liegt virtuell auf Masse. Damit kann man R_i parallel geschaltet zur Eingangsspannung U_e vorstellen. Die Eingangsimpedanz Z_e der Schaltung ist:

$$\underline{Z_e = R_1 = 10k\ \Omega}$$

d) Bei einer Eingangs-Gleichspannung von $U_e = 1\,V$ ist die Eingangs-Wirkleistung:

$$P_e = \frac{U_e^2}{R_1} = \frac{1\,V^2}{10k} = \underline{0,1\,mW}$$

e) Für $U_e = 1\,V$ ist die Ausgangsspannung $U_a = |V_U| \cdot U_e = 5 \cdot 1\,V = 5\,V$
Der Effektivwert der Ausgangsspannung ist $U_a' = \frac{U_a}{\sqrt{2}}$.
Die Ausgangs-Wirkleistung ist

$$P_a = \frac{U_a'^2}{R_L} = \frac{\left(\frac{U_a}{\sqrt{2}}\right)^2}{R_L} = \frac{(5\,V)^2}{2 \cdot 1k} = \underline{12,5\,mW}$$

f) Durch einen Koppelkondensator am Eingang zeigt die Schaltung Hochpassverhalten.

Aufgabe 19.17
Ein invertierender Verstärker mit einem OPV hat eine Spannungsverstärkung $V = 38dB$. Welcher relativer Fehler (in %) ergibt sich durch eine temperaturbedingte Offsetspannungsdrift von 5 mV, wenn die Ausgangsspannung $U_a = 4\,V$ beträgt?

Lösung
$V = 38dB$ entspricht einem Verstärkungsfaktor von 79,4. Durch die Offsetspannungsdrift ergibt sich am Ausgang eine Spannungsänderung von $U_{Off} = 80 \cdot 5\,mV = 400\,mV$. Bezogen auf die Signalausgangsspannung von $U_a = 4\,V$ ist der relative Fehler:

$$\frac{U_{Off}}{U_a} = \frac{0,4\,V}{4\,V} = \underline{0,1 = 10\%}$$

Dies ist eine Gerade durch den Ursprung mit negativer Steigung.

$$U_e \ D \ 150mVWU_a.t/ \ D \quad 15\frac{mV}{ms} \ t$$

Dies ist ebenfalls eine Gerade durch den Ursprung mit negativer Steigung.
Damit die beiden Geraden bis 100 ms gezeichnet werden knnen, muss zuerst Teilaufgabe b) gelst werden, um die Werte vd u_a fr 100 ms zu erhalten.

b)

$$U_e \ D \ 50mVWU_a.t \ D \ 100ms/ \ D \quad 5\frac{mV}{ms} \ 100ms\,D \quad \underline{\underline{0;5V}}$$

$$U_e \ D \ 150mVWU_a.t \ D \ 100ms/ \ D \quad 15\frac{mV}{ms} \ 100ms\,D \quad \underline{\underline{1;5V}}$$

Die beiden Geraden knnen jetzt von D 0 bis t D 100ms gezeichnet werden.

c)

$$U_e \ D \quad 100mVWU_a.t/ \ D \quad 0;1\frac{1}{ms} \overset{Z}{\cdot} \ 100mV/dt \ D \ 10\frac{mV}{ms} \ t$$

Dies ist eine Gerade mit positiver Steigung, deren Ursprung bei 100ms, U_a D
0;5V liegt. Durch Einsetzen von Werten in diese Geradengleichung und unter Bercksichtigung ihres Ursprungs kann jeweils der weitere Verlauf vd u_a gezeichnet werden.

U_e D 50mV:

$$U_a.150ms/ \ D \quad 500mV \ C \ 10\frac{mV}{ms} \ 50ms\,D \ 0\,V$$

$$U_a.200ms/ \ D \quad 500mV \ C \ 10\frac{mV}{ms} \ 100ms\,D \ 0;5V$$

U_e D 150mV:

$$U_a.200ms/ \ D \quad 1;5V \ C \ 10\frac{mV}{ms} \ 100ms\,D \quad 0;5V$$

$$U_a.250ms/ \ D \quad 1;5V \ C \ 10\frac{mV}{ms} \ 150ms\,D \ 0\,V$$

Den Verlauf der Ausgangsspannung u_a zeigt Abb. 19.52.

Aufgabe 19.28
Gegeben ist die Schaltung in Abb. 19.53 mit einem idealen OPV.
Die Kurvenform von U_e zeigt Abb. 19.54.

a) Welche Bedingung muss erfllt sein, damit u_a zum Zeitpunkt t D 0 genau 0 Volt ist?
b) Skizzieren Sie den Verlauf vd $u_a.t/$, skalieren Sie Ordinate noch nicht.
c) Dimensionieren Sie R und C so, dass $u_a.t$ D 20ms/ genau 10 V erreicht.

Lsung

a) Der OPV wird in der Grundschaltung eines invertierenden Verstrkers betrieben, die verstrkungsbestimmenden Widerstnde sind hier allerdings die komplexen Widerstnde R_1 C L und R_2 k C (symbolisch geschrieben).

$$\underline{H}.j!/ \; D \; \frac{\underline{U}_a}{\underline{U}_e} \; D \; \frac{R_2 \, k \, C}{R_1 \, C \, j!L} \; D \; \frac{\frac{R_2 \frac{1}{j!C}}{R_2C \frac{1}{j!C}}}{R_1 \, C \, j!L} \; D \; \frac{\frac{R_2}{1C j! R_2 C}}{R_1 \, C \, j!L}$$

$$D \; \frac{R_2}{.R_1 \, C \, j!L/.1 \quad C \, j! R_2 C/}$$

b) Es handelt sich um einen Tiefpass zweiter Ordnung. Hat die Eingangsspannung die Frequenz f D 0 (Gleichspannung), so erhlt man aus der bertragungsfunktion die Verstrkung V D $\frac{U_a}{U_e}$ D $\frac{R_2}{R_1}$. Wird die Frequenz unendlich gro, so wird der Nenner unendlich gro, der Bruch (und damit die Ausgangsspannung) also zu null. Die zweite Ordnung ergibt sich durch die zwei Energiespeicher L und C. Die zweite Ordnung kann man auch aus der zweiten Potenz erkennen, wenn man $j!$ D s setzt und den Nenner ausmultipliziert. Im Nenner erscheint dann ein Term mit s^2.

c) Der Zhler der bertragungsfunktion ist unabhngig von der Frequenz und kann somit fr keinen Wert von f zu null werden. Die bertragungsfunktion hat keine Nullstellen. Die Pole ergeben sich aus den Lsungen (den Nullstellen) des Nennerpolynoms. Im vorliegenden Fall knnen die Pole aus den Linearfaktoren des Nenners leicht bestimmt werden, indem diese einzeln zu null gesetzt werden.

$$R_1 C j! \;_{11}\; L \; D \; 0 \qquad j! \;_{11}\; D \; \frac{R_1}{L} I \qquad !\;_{11}\; D \; j\frac{R_1}{L} I \qquad j! \;_{11}\; j \; D \; ! \;_{11}\; D \; \frac{R_1}{L} I$$

$$\underline{f \;_{11}\; D \; \frac{R_1}{2 \, L}}$$

$$1 C j! \;_{21}\; R_2 C \; D \; 0 \qquad j! \;_{21}\; D \; \frac{1}{R_2 C} I \qquad \underline{f \;_{21}\; D \; \frac{1}{2 R_2 C}}$$

d) Wird ein Netzwerk mit einer Eingangsspannung gespeist, deren Frequenz gleich der Frequenz einer Nullstelle ist, so wird die Ausgangsspannung zu null. Ist die Frequenz der Eingangsspannung gleich der Frequenz eines Poles, so wird die Ausgangsspannung (theoretisch) unendlich gro.

Aufgabe 19.32

Gegeben ist die aktive Filterschaltung mit idealen Operationsverstrkern in Abb. 19.60.

a) Welche Funktion hat der Operationsverstrker OPV1?

b) Berechnen Sie die bertragungsfunktion $\underline{H}_1.j!/$ D $\frac{U_{a1}}{U_e}$ von Teil ter 1 und $\underline{H}_2.j!/$ D $\frac{U_a}{U_{a1}}$ von Teil ter 2.

$$\underline{H}(j\omega) = \underline{H}_1(j\omega)\cdot\underline{H}_2(j\omega) = \frac{U_{a1}}{U_e}\cdot\frac{U_a}{U_{a1}} = \frac{U_a}{U_e}$$

$$\underline{H}(j\omega) = \frac{1}{1+j\omega RC}\cdot\frac{1}{1+j\omega RC}\cdot\frac{R}{R_1} = \frac{R}{R_1}\cdot\frac{1}{1+j\omega 2RC - \omega^2 R^2 C^2}$$

$$H_0 = \frac{R}{R_1} \quad\quad a_1 = 2RC \quad\quad a_2 = R^2C^2$$

d) Bei der Grenzfrequenz ω_g ist die Ausgangsspannung bzw. der Betrag der Übertragungsfunktion auf das $\tfrac{1}{\sqrt{2}}$-fache abgefallen.

$$|\underline{H}_1(j\omega)| = \frac{1}{\sqrt{1+(\omega RC)^2}} \Rightarrow \omega_g = \frac{1}{RC}$$

$$|\underline{H}_2(j\omega)| = \frac{R=R_1}{\sqrt{1+(\omega RC)^2}} \Rightarrow \omega_g = \frac{1}{RC} \text{ und } \frac{R}{R_1} = 1. \text{ Somit muss gelten } \underline{R = R_1}$$

$$2\pi f = \frac{1}{RC} \Rightarrow R = \frac{1}{2\pi f C} = \frac{1}{2\pi\cdot 1000\,s^{-1}\cdot 10\cdot 10^{-9}\,s} \Rightarrow \underline{R = 15{,}9\,k\Omega}$$

e) Die Schaltung ist ein Tiefpass zweiter Ordnung, der aus zwei Tiefpässen erster Ordnung mit jeweils gleicher Grenzfrequenz aufgebaut ist.

Sachverzeichnis

' Springer Fachmedien Wiesbaden GmbH 2017
L. Stiny, Aufgabensammlung zur Elektrotechnik und Elektronik
DOI 10.1007/978-3-658-14381-7

Printed in the United States
By Bookmasters